U0615323

个 性 解 读 ● 肢 体 语 言 ● 话 语 探 密 ● 行 为 动 机

行为心理学

肢体语言和行为习惯的深度心理解读

墨 非◎编著

**BEHAVIORISTIC
PSYCHOLOGY**

中国华侨出版社

·北 京·

图书在版编目（CIP）数据

行为心理学 / 墨非编著. — 北京：中国华侨出版社，
2018.3

ISBN 978-7-5113-7536-0

Ⅰ.①行… Ⅱ.①墨… Ⅲ.①行为—心理学—通俗读物

Ⅳ.①B848.4-49

中国版本图书馆 CIP 数据核字（2018）第 033684 号

● 行为心理学

编　著 / 墨　非

责任编辑 / 高文喆　王　委

责任校对 / 高晓华

装帧设计 / 环球互动

经　销 / 新华书店

开　本 / 710 毫米×1000 毫米 1/16　印张 /18　字数 /239 千字

印　刷 / 香河利华文化发展有限公司

版　次 / 2018 年 5 月第 1 版　2018 年 5 月第 1 次印刷

书　号 / ISBN 978-7-5113-7536-0

定　价 / 39.80 元

中国华侨出版社　北京市朝阳区静安里 26 号通成达大厦 3 层　邮编：100028

法律顾问：陈鹰律师事务所　　　　　编辑部：（010）64443056　　64443979

发行部：（010）64443051　　　　　传　真：（010）64439708

网　址：www.oveaschin.com　　　E- mail：oveaschin@sina.com

行为，是受思想支配而表现出来的活动，它包括有声语言和身体语言两个方面，其中身体语言是指人们在日常生活中，通过身体某些部位的表情、姿态、动作、生理反应以及衣饰等透露出来的心理信息。它同有声语言一样，甚至要比有声语言更能够反映人的真实内心。举手投足、一颦一笑、皱眉凝眸等这些行为往往能够揭示人的情感、态度、智慧和教养，它们同有声语言一起构成了人类的语言，共同传递着人内心最隐秘的信息，而这些信息对于准确地把握人的内心起着极为关键的作用。正如古希腊哲学家苏格拉底所说"高贵和尊严，自卑和好强，精明和机敏，傲慢和粗俗，都能从静止或者运动的面部表情和身体姿势中反映出来"。如果我们能了解各种行为所代表的含义，就能读懂别人隐藏的心思；如果能掌握通过行为读取别人内心的技巧，从而在不为人知的情况下了解并影响他人，便可以消除人际关系中的种种烦恼。

古人和现代科学研究都在提醒我们，人们的真实意图常常浮现于举手投足之间，常常暗藏在神态服饰之中。一旦你拥有了读懂他人身体语言的本领，便可以顺利地读懂他人的心理，看懂他人的心思，进而使自己的社交行为更加顺畅和如意。

老子说："知人者智。"在这个竞争异常激烈的时代，想要使事业如意、人际顺畅、职场顺心、家庭幸福，行为心理学就是你必须要掌握的一门学问。掌握看懂真实心理的本领，才能"世事洞明，人情练达"，在复杂的人际关系中得心应手，进而在事业上取得进一步的成就，赢得美好、幸福和顺遂的人生，成为人生的大赢家。

本书旨在引导人们通过感知他人动作、体态、服饰、目光等"身体语言"暗藏的玄机，达到洞察他人内心之目的。阅读本书，既可避免误解他人，还能准确领悟他人意图，走进他人内心。事业上会助你一臂之力，商海中会助你一路顺风，日常生活、工作中让你受益无穷。

本书从人的行为表象、言谈话语、行为止举、兴趣爱好、浮夸行为等多角度入手，挖掘隐藏在人们各种行为背后的真实心理，并结合大量生动、具体的事例，进行深入透彻、系统全面地剖析，由表及里，由内至外，步步推进，通过揭秘这些行为来帮助人们掌握判断他人真实内心。

目录
Contents

第一章

行为总被表象所迷惑

　　为什么人的记忆也会出错？为什么人总会被之前的"经验"所驱使？为什么当一个人对自己表达出好感后，自己也会莫名其妙地喜欢对方？为什么一句假话，说的次数多了，自己就会信以为真？我们的行为总是会莫名其妙地被各种"表象"所迷惑，其实这符合社会心理学规律。

　　社会心理学告诉我们，尽管人的心理情况各异，但却具有同样的倾向性，不过需要注意的是，同样的选择、同样的倾向，并不意味着人们的所作所为、所思所想就是正确的。我们需要反思人类的群体行为，更多地了解人性的弱点，以便更好地纠正自己的认识和行为上的偏差。

01 羊群效应：从众会使你误入歧途

根据心理学的理论，人的行为都是受自我认识的"操控"，即你心里想什么，外在就会表现出怎样的举止行为来。但是现实中，我们的认识并非完全受自我左右，而是被外界的一切力量在无形之中"操控"的结果。比如人们的行为总会不自觉地与大众的行为一致，这便是心理学中的"羊群效应"。

羊群效应说的是一个纪律严明的组织，平时很是散乱，总是乱哄哄地左冲右撞，但是只要有一只羊奔走起来，羊群便会盲目地一哄而上，根本不会考虑前方是否会遇到天敌——狼，即便附近有更好的草场它们也不肯停下脚步。这种盲目从众的心理被称为"羊群效应"。

生活中，多数人的行为都会被羊群效应左右。比如大街上突然有一个人抬头看天，人们不知道他看到了什么，但却会纷纷地仰头，随后会有更多的人加入到这个行列，以致后加入的人误以为大家看到了 UFO 或者是什么百年难遇的奇景，事实上，第一个看天的人可能只是在欣赏蔚蓝的天色或是用目光追逐几抹流云而已。羊群效应反映的其实是一种随大流的心理，人们对于不了解、没把握的事情，不喜欢自己单独做决定，而会倾向于选择追随大众的脚步，以为这样做可以提高自己的安全系数，事实上，这种盲从行为往往会把人带入"误区"或"歧途"。比如，一个对文学有着浓厚兴趣的高中生，看到周围的同学都报考了计算机，因为计算机会有良好的就业前景，因而也改考了计算机专业，到学校后却发现自己根本不适合学计算机，于是硬生生地毁了自己的前途；还有一些毕业生在就业时，看到周围的同学都在销售行业就业，而且还赚到了可观的佣金，于是就不考虑自身的实际条件，纷纷入行，最终无功而返……

一位石油大亨到天堂去参加会议，一进会议室发现已经座无虚席，没有地方落座，于是他灵机一动，喊了一声："地狱里发现石油了！"这一喊不要紧，天堂里的石油大亨们纷纷向地狱跑去，很快，天堂里就只剩下那位后来者了。此时，这位大亨心想，大家都跑了过去，莫非地狱里真的发现石油了？于是，他也急匆匆地向地狱跑去。

这虽是一则笑话，但却真实地揭示了现实生活中存在的一种现象：从众心理很容易使人的思维变得盲目，盲目则往往又会使人陷入骗局或者遭受失败。

其实，这种"随大流"的现象，在每个人身上都曾经发生过。在现实生活中，很多时候，甚至可以说是大多数时候，人们怎么说、怎么做往往会参照大多数人怎么说、怎么做。比如顺应风俗，追赶时髦，追赶潮流等。人人都有从众心理，这其实是有深层的心理原因的。

在《乌合之众》中，勒庞提出了"群体是盲从的"观点。即指在群体中，个人的才智与个性被削弱，群体往往会表现出冲动、急躁、缺乏长远打算、情绪夸张与单纯、轻信、易受暗示，许多人就是在这样的情况下误入了人生的"歧途"。

"羊群"式的盲从最常见的发生在金融市场，经验不足的投资者很容易一味听信所谓的专家、权威人士以及内部消息，盲目去仿效别人。即便他们获悉的判断和信息是理性的、准确的，如此大的"羊群"涌入，在放大效应和传染效应的作用下，也会打破杠杆的平衡。比如2007年，当华尔街正在遭受金融危机的冲击时，中国股市却冲上6000点，菜贩和清洁工都在谈论基金时，其结果则已昭然若揭。事实上，大机构早已撤场，被套牢的永远是散户。为此，要想做一个聪明的"智者"，就要懂得摆脱从众思维，不做盲目跟风之人，而且懂得在关键时候学会与群体差异化。要知道，很多时候，没有差异往往难得要领，有形而无神，没有差异化，也难以突出个性与品位。伯乐立于万马奔腾之中，要想被发现就要显示出你的与众不同来。

02 鸟笼逻辑：你是如何被外界所"塑造"的

一位心理学家曾与一位叫乔治的朋友打赌说："如果我给你一个鸟笼，并且挂在你房中，那么你就一定会买一只鸟。"

对于这个事情，乔治并不认同，于是同意打赌，因此心理学家便买了一只非常漂亮的瑞士鸟笼给他，乔治便把鸟笼挂在起居室的桌子旁边，结果可想而知，当人们走进来时就问道："伙计，你的鸟什么时候死了呢？"或者有人会说："乔治，你可真有情调，以前笼子里养的是什么鸟？"

对此，乔治会立刻回答："我从未养过一只鸟。"

"那么，你要一只鸟笼干嘛？"几乎所有人都会这么说。

乔治无法解释。

后来，只要有人来乔治的家中，便会问同样的问题，乔治的心情很是糟糕，为了避免人们的询问，乔治干脆就买了一只鸟装进了鸟笼里。

对此，心理学家解释说，去买一只鸟比解释为什么他有一只鸟笼要简便得多啊。人们经常是首先在自己头脑中挂上鸟笼，最后就不得不在鸟笼中放一只鸟。

"有笼必有鸟"的心理图式，导致了人们思维上的定势，也给人的行为以及潜能造成了禁锢。

在人际关系中，"思维定势"也是一种极为强大且极为顽固的影响力，故事中的乔治就是无法忍受被别人用惯性思维推理误解，最终屈服于强大的惯性思维。这种思维也影响着我们绝大多数人的行为模式与思考方式。

其实，生活中多数人在多数情况下，其眼界、思维、选择等都是受"思维定势"局限的结果。

所谓的"思维定势"就是人们在学习和工作中，由于经常反复思考同类或者类似的问题，时间久了就会形成固定化的思维模式，这种思维模式就是我们平时所说的"思维定势"，也就是人们的一般性思维。其实，我们并不完全是自己的主人，或者说，我们之所以是我们，除了内在的特质外，更重要的原因是受到诸多"思维定势"的影响，所谓的"我们"就是这样被外界所塑造的。

这让人想起了心理学上一个极为重要的实验：

在跳蚤头上罩一个玻璃罩，让它跳，跳蚤碰到玻璃罩后便被弹了回来。如此连续几次之后，跳蚤每次跳跃就开始保持在罩顶以下的高度。然后将玻璃罩再降低一点，跳蚤总是在碰壁后跳得更低一点儿。最后，当玻璃接近桌面时，跳蚤便已无法再跳了。科学家移开玻璃罩，再拍桌子，跳蚤还是不跳。这时的跳蚤已经从当初的跳高冠军变成了一只跳不起来的"爬蚤"。

跳蚤通过多次实践，长期积累起来的认知判断，限制了其潜能，最终只能成为跳不起来的"爬蚤"。可见，限制一个个体潜能的，不是什么后天条件、努力程度或者能力等，而是思维力。思维力在很大程度上决定着一个人的行事方法、为人之道，这些都直接决定了一个人的前途命运。

夜市上，有两个卖砂锅的小摊，两人每天同时出摊，同时收摊，一个一年后买了闹市区的房子，一个一年后仍然一无所有，造成两者命运不同的结果是什么呢？

原因是做出的砂锅面都很烫，一个每次做好面把砂锅放到冰上冰 30 秒后才端给顾客户，顾客吃的时候温度刚刚好，一个做出来就直接端给顾客，顾客因为太烫一下子吃不了，仅仅是短短的 30 秒，使得两者的顾客流量完全不同。

同样卖砂锅面的，命运却千差万别，与其说是其经营方式不同，不如说是其思维方式的不同。那位发达的小摊贩，善于运用逆向思维心理，即"时刻站在客户的角度去考虑问题"，用短短的 30 秒时间改变了自己的命运。对此，李嘉诚曾说：要永远相信，当所有人都冲进去的时候赶紧出来，所有人都不玩了再冲进去，这便能抓住好的商机。在商海中摸爬滚打这么多年，如果非让我总结自己成功的秘诀的话，我只能说一句：你要让你的客户有利益。这种逆向思维法，也是李嘉诚不断创造出财富神话的主要原因。

有人说，细节决定命运，但真正决定命运的是思维力，它能解决看似无法解决的问题，让你独辟蹊径，在别人没有注意到的地方有所发现，有所建树。同时，还会使你在多种解决问题的方法中选出最佳方法和途径，将复杂问题简单化，从而使办事效率和效果成倍提高。

03 罗伯特定理：最大的敌人是你自己

无论在战场上还是在赛场上，常有人战胜了最强劲的对手，最后却输给了自己。由此可见，人生最大的敌人根本就不是别人，而是我们自己。美国史学家卡维特·罗伯特对此深有感触，他说："没有人因倒下或沮丧而失败，只有他们一直倒下或消极才会失败。"他指出："如果自己不打倒自己，就没有人能打倒你。"这种把自己当成最大对手的理念就是有名的"罗伯特定理"。

罗伯特定理的提出和一名叫作林德曼的精神病学专家进行的一次冒险行动有关。林德曼认为，一个人只要始终对自己抱有信心，在关键时刻能战胜自己，就一定能冲破障碍走向成功。为了证明自己的理论，他只身驾着一叶扁舟横闯大西洋。在险象环生的航行中，他多次面临死亡的威胁，每当绝望时，他都会不停地激励自己，最终战胜了恐惧和绝望，成功地活了下来。他的实验证明，人只要打败自己，就能战胜所有的困难，获得最后的胜利。卡维特·罗伯特根据林德曼的经历，总结出了罗伯特定理，一再向我们强调真正使我们受伤的敌人不是强大的竞争对手，而恰恰是我们自己。

拿破仑曾经说过：我可以战胜无数的敌人，却无法战胜自己的心。正因为如此，这位叱咤风云的军事天才在被囚禁在圣赫勒拿岛上以后，生命的光辉日渐黯淡了下去，从此彻底退出了政治舞台。也许终其一生，我们都不可能像拿破仑那样取得辉煌的成就，我们的对手也没有反法同盟那么强悍，但我们依旧逃避不了困难和竞争。其实，输赢并没有那么重要，我们可以输给任何人，但只要打赢了自己，日后总有机会击败对手。有时候我们失败，是先输给了自己，之后才输给了别人。可见，只要调整好心态，谁也不能把我们打倒在地。

有一位企业家由于经营不善，公司倒闭了，成为了一个一文不名的流浪汉。落魄不堪的他向一位从事个性分析的专家咨询，想要从这位专业人士口中找到自己失败的答案。专家迅速打量了他一眼，看到的是一个眼神茫然、面容沧桑的标准失败者形象，他已经十多天没有刮胡子了，看起来无比邋遢。

专家同情地望着眼前这位曾经风光过的流浪汉，想了一想，对他说："很遗憾，我觉得我帮不了你，但是我可以给你介绍一位更有能力的人，他能帮助你东山再起。"流浪汉听完这番话，立即紧张地抓住了专家的手，苦苦哀求说："请你带我去见见这个人吧。"专家带着他走到了门口，随后把窗帘布拉开了，一面硕大的镜子露了出来，他从镜子里看到了自己。专家指着镜子说："全世界能帮你的只有这个人了，他就是你自己。你认为自己失败，是因为外部环境不好，或者是被别人打败了吗？告诉你，这不是主要原因。其实，你不过是输给了自己罢了。"

流浪汉看着镜中的自己，觉得无比陌生，那个头发蓬乱、眼窝深陷、衣衫肮脏的人真的就是他吗？他惊讶得一连后退了好几步，最后忍不住啜泣起来。几天以后，他再也不是流浪汉的形象了，转眼之间又变回了西装革履的绅士。经过一番心理挣扎，他终于振作起来了，后来终于东山再起，赢回了自己的全部产业。

有时候战胜自己比战胜别人更困难，不少人总想着超越别人，事事都要比别人强，但是只要输一次就一蹶不振了。罗伯特定理告诉我们：想要战胜对手，我们首先要战胜自己。战胜了怯懦，我们才能变得勇敢；战胜了软弱，我们才能变得刚强；战胜了颓丧，我们才能奋起。我们需要战胜的就是自身的各种弱点，只要我们克服了这些弱点，世间的任何困难都会被我们牢牢踩在脚下，到时就没有任何对手能将我们一举打败了。

04 酝酿效应：百思不得其解的问题，不妨暂时放一放

很多人在生活中都可能遇到过这样的情况：一个难题摆在你面前，绞尽脑汁也想不出答案。突然有一天，当我们抛开面前的问题去做其他事情的时候，百思不得其解的答案却突然出现在我们面前，令我们忍不住惊叹，这便是心理学上的"酝酿效应"。酝酿效应能够打破解决问题不恰当的思维定势，有利于促进新思路的产生，从而有利于解决难题。

很多时候，我们在尽力去解决一个复杂的或者是需要创造性思考的问题时，无论你多么努力，还是无法解决难题，我们的行为好似被眼前的难

题困住了，无论你多么努力，还是无法解决。还个时候，你只需要暂时停止对问题的探索，可能就会对解决问题起到极为关键的作用，这种暂停便是酝酿效应。酝酿效应，原本起源于这样一个故事：

　　古希腊时期，一位国王做了一顶纯金的王冠，但他又怀疑工匠在王冠中掺了银子。可问题是这顶王冠与当初他交给金匠的金子一样重，谁也不知道金匠是否搞鬼。于是，国王就将这个难题交给了阿基米德。阿基米德为了解决这个问题，曾经苦思冥想，他起初尝试了多种方法都无法解决这个难题。直到有一天，他去洗澡，他一边坐在浴盆里，一边观看水往外流，同时感觉身体被轻轻地托起，他突然恍然大悟，于是他便运用浮力的原理将那个让他苦思冥想的难题给解决掉了。

　　阿基米德在冥思苦想之时，先将难题放在一边，而在洗澡时无意间想到问题的答案，这便是酝酿的结果。对此，心理学家指出，在酝酿的过程中，存在潜在的意识层面的推理，储存在记忆中的相关信息在潜意识中相结合，人们之所以在休息的时候突然能找到问题的答案，是因为个体消除了前期的心理紧张，忘记了个体前面不正确的、导致僵局的思路，具有了创造性的思维状态。因此，如果你面临一个难题，不妨先把它放在一边，去和朋友散步、喝茶，或许答案真的会"踏破铁鞋无觅处，得来全不费功夫"。它是在对程序编码时与定势有关的一种现象。也就是说，在解决问题时会碰到百思不得其解的情形，此时，如若干脆把该问题搁置在一边而改做其他事，时隔几小时、几天，甚至长时间之后再来解决它，答案常可能较快地找到。这种效应产生的原因，据现代认知心理学的解释是，原初的定势不合适，致使问题得不到解决，后来通过暂时放下这个问题，不合适的知识结构得到消除，个体便能够运用新的定势去解决问题。

　　德国化学家凯库勒长期研究苯分子结构，同样地，他对苯分子中原子的结合方式百思不得其解。1864 年冬的某一天晚上，他在火炉边看书时，不知不觉打起瞌睡，做起了梦。这是一个化学史上最著名的梦，苯分子结构的秘密由此解开。凯库勒自己是这样描述的："事情进行得不顺利，我的心想着别的事了。我把座椅转向炉边，进入半睡眠状态。原子在我眼前飞动：长长的队伍，变化多端，靠近了，连结起来了，一个个扭动着，回转着，像蛇一样。看！那是什么？一条蛇咬住了自己的尾巴，在我眼前轻蔑地旋转。我如同受了电击一样，突然惊醒。那晚，我为这个假设的结果工作了整夜，这个蛇形结构被证实是苯的分子结构。"这位化学家并不知道，他在这个研究的过程中所运用的，是心理学上的酝酿效应。

酝酿效应是一种突发性的创造活动，一般是在对问题冥思苦想后，在出其不意的时间或状态下突然发生，因而表现为思维运动的突然飞跃，自发性是其又一基本特征，体现突发、突变和突破的特点。俄国化学家门捷列夫发现元素周期律的决定性观念，就是在他提着箱子准备上火车之际突然闪现的；德国著名数学家希尔伯特长期未解出的一个数学难题，据他说也是在一次看戏时突然领悟的。酝酿效应是一种有非逻辑性和自发突变性的创造活动，它往往是一种突破性的创造活动，它不受形式逻辑的约束，能打破常规思路，产生惊人的成果突破和方法突破。它提示：当我们对一个问题进行研究，在搜集了充分的资料并且经过深入探索仍然难以找到答案时，不应"一条道跑到黑"，而应把对该问题的思考从心中抛开，转而想别的事情，或可以去散步、读书等，等待有价值的想法、心象的自然酝酿成熟并产生出来。

05 晕轮效应：光环只是一种表象

在现实生活中，人们崇拜和喜欢一个人，就会把对方想象得完美无瑕，不自觉地把他或她的优点无限放大，以致对其最明显的缺点都看不到了，而讨厌一个人，则会把对方看得一无是处，这就是晕轮效应在起作用。晕轮效应是指人们通过主观臆断对他人做出或好或坏的评价，然后由表面印象推断对方的品质及特点，给认知对象罩上一个或好或坏的光圈。

晕轮效应最典型的例子就是名人效应，备受追捧的名人个个都是头顶光环的，人们恨不得穷尽所有的溢美之词来赞美他们，看不清镁光灯下他们的真实面目，以至于一旦有人出现了负面新闻，多数人都感到难以接受。其实，一见钟情也是晕轮效应在起作用。热恋中的男女看到的不过是梦中情人的幻象，而不是有血有肉的真实人物，恋爱双方常常把对方的缺点误当成了优点，比如把肥胖当成了丰满性感，把沉闷木讷当成了稳重可靠。难怪大文豪莎士比亚说：恋人和诗人都是满脑子的想象。

美国心理学家凯利曾经在麻省理工学院做过一个测试晕轮效应的实验，受试者是该校两个班级的学生。上课前，研究员告诉两班的学生接下来会有一名研究生来代课，对第一个班的学生说这位新来的代课老师具有热情、勤勉、务实、果断等美好品质，向第二个班的学生说介绍这名代课教师时只是把"热情"这个词换成了"冷漠"，对于其他品质的描述并没有做任何改变。课后，第一个班的学生对新老师非常有好感，纷纷与之攀谈了起来，而第二个班的学生全都冷冰冰地看着这位老师，对他的态度非常冷淡。仅仅是一个简短的介绍，就能让学生们戴上有色眼镜看待新老师，这足以说明晕轮效应对我们的影响有多大了。

　　我们为什么会被晕轮效应所左右呢？是因为人的判断往往是很主观的，我们常常会根据自己的好恶来判断他人，一旦喜欢了别人身上的某个特点，就会爱屋及乌地爱上他或她的一切，而对于那些和现实不符的方面，则会加以虚化。反之，若是我们看不惯别人，就会无限度地把对方妖魔化。晕轮效应的负面作用在于，会让我们不自觉地以貌取人，或是"一叶障目不见泰山"，看不清一个人的全貌，在这种情形下，我们可能会因为盲目看错人，也可能会因为偏见而误解别人，以至选错了精神偶像，交错了朋友，或是找错了结婚对象，从而吃尽了苦头。

　　诗人普希金和美女娜达丽娅的结合，从表面上看，堪称天作之合。普希金浪漫多情、才华横溢，娜达丽娅楚楚动人、美丽不可方物，两人走到一起可谓是标准的才子佳人。可实际上，他们的婚姻从一开始就是一个错误，普希金不曾了解过真实的娜达丽娅，他不过是像其他男人那样为她的美貌所倾倒，想当然地把她想象成了一个高贵的女神。婚后才发现两个人的共同点是那么少。

　　普希金视诗歌如生命，除了诗歌，他的生活里几乎别无所有。娜达丽娅对诗歌却一点也不感兴趣，那些优美的诗句在她看来简直味同嚼蜡。每当普希金创作出了一首动人的新诗，急于和她分享时，她都会高声抗议道："你的那些无聊的诗歌我早就听够了。"有一天，几个朋友聚在普希金家里朗诵新诗时，娜达丽娅也在现场，人们都知道她讨厌别人吟诵诗歌，就礼貌地问她是否会因此感到不快，她坦然地回应道："你们尽管朗诵吧，反正我也不听。"

　　娜达丽娅不喜欢诗歌，但是却非常喜欢跳舞和社交，她出手阔绰、花费无度，虚荣心十分强，没过多久就花光了普希金的积蓄。普希金为了让美丽的妻子高兴，宁肯借债也要维持一种体面的生活。婚后头四年，普希金背负的债务就高达 6 万卢布，此后欠下的债务越积越多，普希金直到去世都没能把债务还清。沉重的债务负担彻底改变了普希金的生活，他无心再埋头写作了，也没有激情再从事诗歌创作了，内心无比忧郁和痛苦。娜达丽娅却一点也不在乎，她继续尽情地享受生活。然而债台高筑还不是最痛苦的，最让人恼恨的是娜达丽娅对他不忠诚，跟一个宪兵队长有了私情，导致普希金为她决斗而死。普希金的人生悲剧在于，他固执地认为，一个女人如果有姣好的外貌，就一定有高贵的气质、美好的品格和过人的智慧，但事实显然不是这样。

晕轮效应最大的弊端就在于为我们制造了一个被过度美化或丑化的假象，让我们偏离了正确的认知。在晕轮效应的影响下，我们会片面地看待别人，对别人做出"由表及里"的推断，全然忘却了"金玉其外"的人或事物也有可能出现"败絮其中"的情况。因此，我们必须摆脱晕轮效应的影响，客观地认知和评价他人。

06 跳蚤效应：别让思维的局限性限制了你的人生高度

生物学家曾用跳蚤做过一项非常有趣的实验，他把一只跳蚤随意地抛下，发现这只小东西落到地面后竟能跳起一米多高。后来他在一米高处加放了一个盖子，跳蚤每次跳起都会撞到盖子。隔了一段时间后，把盖子撤掉，堪称弹跳高手的跳蚤再也跳不到一米高了，直到生命结束，跳蚤的跳高纪录一直被限定为一米以下。这种因为自我设限而阻碍自身能力发挥的现象就被称为"跳蚤效应"。

跳蚤为什么再也跳不高了呢？因为它被自己的思维限制住了，反复撞到盖子以后，它自动调节了跳高的高度，把高度设定为一米以下，然后想当然地认为这个高度就是自己所能达到的极限了，所以就再也跳不高了。

其实，人也一样，如果把自己限制在一定范围内，就不可能再有什么新的突破了。更可悲的是我们不是因为能力的局限性达不成目标，而是被自己的想法束缚住了，仿佛有无形的盖子限制了我们人生的高度，让我们误以为自己永远不可能迈向新的高度了。

有一个农夫养了一头驴子，有一天，驴子失足掉进了一口枯井里，农夫使出浑身解数救驴子，但没有成功，驴子依旧待在枯井里，望着主人嚎叫个不停。万般无奈之下，农夫只好放弃，他想反正驴子已经那么老了，以后也干不了活了，要不了多久就会寿终正寝，不如就让它死在枯井里吧，也许这就是天意。他不忍心让驴子在井里慢慢饿死，便找来邻居往井里填土，邻居们齐心协力地铲土，尘土纷纷扬扬地落到了可怜的驴子身上。

驴子意识到自己就要被活埋了，绝望地惨叫起来。不过没多久，它就平静了，也许是已经接受自己的命运了。农夫探头朝井底一看，立即被眼前的景象惊呆了。只见驴子站在高高的土堆上，身体几乎就要碰到井口了。原来当众人向它扬土时，它本能地将身上的泥土抖落在地，渐渐地泥土变成了一个小土堆，土堆越升越高，它慢慢地站上去，就好像踩着一架梯子一样，轻轻一跃，它便跳出了井口。

每个人生命中都有一口枯井，但遗憾的是不是每个人都能安然脱困。艰难挫折就好比加在我们身上的泥沙，我们只有将它抖落掉，然后勇敢地站上去，将其变成高高的垫脚石，才能脱离那口困住我们的枯井。许多人选择坐井观天，是因为思维被井口束缚住了，把泥沙仅仅看成了泥沙，以至于被泥沙掩埋，失去了获得自由的机会。

罗曼·文森特·皮尔在讲述"积极思维的力量"时说过有了思想并不一定能保证成功，重要的是积极思考，做思想的主人，发现自己的不足并努力地改进，不断地自我完善。只有这样，才能在事业上不断地前进，实现自己的梦想。一个人持有什么样的思想，便会产生与之对应的结果。即你有什么样的想法就会有什么样的人生，如果你的思维是正向的积极的，那么你就能向更高的目标迈进，实现自己的人生理想。

德国数学家高斯在读中学时，有一次竟在数学课上睡着了。被下课铃声吵醒以后，他迷迷糊糊地抬起头，看到黑板上有一道题目，以为是老师布置的家庭作业，放学回家后便把自己关在屋子里埋头演算。那道题目太难了，他算了好久都没算出结果。但是他没有放弃，继续算个不停，最后终于得出了答案。第二天他把作业本交给了老师，老师看了计算结果，惊讶得目瞪口呆，原来那是一道被数学界公认的无解的题，那为什么竟被高斯解开了呢？因为高斯并不知道自己演算的题目是无解的。

高斯的故事告诉我们，一切皆有可能，只要你坚信自己能做到，就会打破自我设限的思维方式，而后鼓起勇气尝试，把不可能变成可能。我们之所以像跳蚤那样被一只盖子限制住，就是因为我们不相信自己，脑海里充满了负面思维，如果我们能像从枯井中脱困的驴子那样运用积极的思维思考问题，就不会被任何难题难倒，人生将有无限的可能。

人生本身是一个解惑的过程，思考太少就会感到茫然，看不清未来的方向，思考太多又会烦恼丛生，庸人自扰。但思考仍然是必要的。我们之所以把自己锁在了一个狭小的天地里，就是因为不能正确积极地思考，有时候换个角度考虑问题，就会打破思维的固定模式，给自己带来希望与转机。

07 泡菜效应：你是如何被他人所"影响"的

腌制过泡菜的人都知道，把同一种蔬菜浸泡在不同的水中发酵，过一段时间，将它们分别煮来吃，口感和味道是不一样的。其实，人就像泡菜一样，在不同的坛子里浸泡，就会泡成不同的味道。人是环境之子，在某种环境下成长，由于耳濡目染，禀性气质都会深受影响，久而久之，自然与环境融为一体，以至"久居兰室不闻其香，久居鲍市不闻其臭"，完全变成了环境的一部分，这种现象就叫作"泡菜效应"。

泡菜效应揭示的是"近朱者赤近墨者黑"的道理，健康良好的环境可以造就一个人，极度恶劣的环境则会毁灭一个人。环境对于人的影响是根深蒂固的，在人的童年时代尤其如此，所谓的"出淤泥而不染"是少数成年人经过修心养性才能达到的境界，所以古时孟母三迁择邻是非常必要的。

当你步入少年和青年时代，学校教育对于你的人格养成起到了非常关键的作用，你的人生观、世界观、价值观就是在学生时代逐渐成型的，你的能力和素养也是在这一阶段被培育起来的。因此从某种意义上说，一个人是否能成为德才兼备的高素质人才，学校是不可忽视的一环。曾经荣获过诺贝尔物理学奖的科学家温伯格曾说过：我之所以获奖，是因为我们学校有一种人才共生的效应。确实如此，在温伯格同级校友中，涌现出了十多个优秀的物理学家。他所就读的康奈尔大学俨然就是一个培养人才的摇篮，所以他把自己的成功归结为学校环境对自己的积极影响，这是有一定道理的。

希拉里在学生时代成绩非常优秀，一直以来她就是老师眼里的好学生，在校园里格外引人主意，可是在报考大学时，她并没有考入美国的顶级学府，而是被卫尔斯利女子学院录取了。卫尔斯利女子学院虽然也是一所不错的大学，那里群英荟萃，有不少优秀的学生，但全美综合素质最强的学生几乎都去了哈佛大学，哈佛大学才是学子们梦寐以求的殿堂级学府。希拉里没能成为哈佛中的一员，心里产生了挫败感，不过，她很快调整好了自己的心态，决心通过哈佛独特的学习方法提升自己。

希拉里首先想到的是通过秘密学习俱乐部，接触哈佛大学的先进学习理念，但作为一名卫尔斯利女子学院的学生，要做到这点是非常难的。为了学到有用的东西，她和哈佛大学的学生交朋友，然后成为了"哈佛书呆子俱乐部"的非正式成员。在与哈佛学生接触的过程中，希拉里学到了非常有效的学习方法，她的综合素质得到了极大提升，并培养起了极强的辩论能力。这段非同寻常的学习经历为希拉里日后的从政生涯打下了坚实的基础，对她日后的成功起到了决定性的作用。

一流的环境更容易诞生一流的人才，恩格斯说："人创造环境，同样，环境也创造人。"环境对人的成才和成长具有不可忽视的影响。所以我们要努力为自己创造良好的生存和成长环境，多多认识和接触有品格和素质高的人，让自己潜移默化地受到熏陶和影响，这样我们也可以成为一个更优秀的人。

泡菜效应告诉我们，环境对人有着不可抗拒的影响作用，所以我们决不能低估外部环境对于自身人格和素质的影响。外部环境包括家庭环境、教育环境和社会环境三部分。家庭环境是我们无从选择的，但教育环境和社会环境则是可供我们选择的。即便我们不能迈进人才济济的名校，只要创造机会，多多认识比自己更优秀的人，同样可以学到让我们终身受益的东西。

08 定势效应：人很容易被之前的"经验"所驱使

人的行为受思维的控制，而人的思维则普遍遵循着一种定势，即很容易受之前的"经验"所驱使，最为典型的例子就是我们所熟知的疑人偷斧的典故，说的是有个姓郑的人丢了斧子，怀疑是被邻居的儿子偷去了，于是观察他走路的姿势和脸上的神情，无论怎么看都觉得他就是一个盗贼。后来找到了斧子，再去观察邻居的儿子，忽然觉得对方的一举一动都和盗贼相去甚远了。这就是定势效应在起作用。

定势效应是指人们的认识局限于已知的信息和过往的经验，从而形成了一种固定的思考模式，使得人们依据老眼光和旧模式观察人或事物。从这个角度上理解，一味地"守旧"、过去的经验等，也是操纵大脑的最重要的因素之一。对此，苏联社会心理学家曾经做过测试定势效应的实验，他把同一个人的照片分别给两组受试者看，对第一组人说此人是个臭名昭著的罪犯，对第二组人说此人是个受人尊敬的知名学者。相片中的人物特征为双眼深陷、下巴翘起，结果第一组受试者认为他凹陷的眼睛透出狡诈残忍的光芒，翘起的下巴显示出顽固不化的性格。第二组则认为他深陷的双眼透露着智慧，一看就知道他是一个思想深邃的学者，翘起的下巴则显示出其顽强不息的精神。

为什么面对同一个人两组人员的评价会如此不同？答案是他们都受到了定势效应的干扰。当被告知照片中的人是罪犯时，人们就是以审视罪犯的眼光来审视这个陌生人的，所以从对方的面部特征上解读出了狡猾、凶残等信息；把这个人当成著名学者来看时，人们则不自觉地把一些美好的品质加在了他身上，把对方描绘成了睿智、博学的好人。这足以说明人的认知是受先前积累的知识和经验所束缚的。

定势效应反映的是一种根深蒂固的惯性思维方式，它会不知不觉地深入到我们的潜意识之中，限制我们的自由想象和思考，把我们引向一条看似合理但却错误的道路。如果我们不能摆脱定势效应的影响，就会被过去的经验套牢，判断事物时会经常出现偏差，在着手处理问题时也极容易走入误区。

美国科普作家阿西莫夫天资聪颖，智商 160，堪称天才。为此，他一直十分得意。作为高智商博士和知名作家，似乎没有什么事情能难倒他。让阿西莫夫万万没有想到的是，自己会被一名汽车修理工提出的问题难住。

有一天，那名汽车修理工对他说："博士，我出一道题，看看你能不能说出正确答案。"阿西莫夫接受了这个挑战，他并不认为一个学历不高的修理工能提出什么高深莫测的问题。修理工问："有位聋哑人到五金店买钉子，他朝售货员打手势说明自己想要什么，将左手两指立在柜台上，右手握拳做出敲打的动作。售货员给了他一把锤子，他摇了摇头，特地指了指立在柜台的两根指头。售货员恍然大悟，把钉子递给了他。聋哑人刚离开，有位盲人进了商店，他想要买一把剪刀。你认为盲人会怎么做？"

阿西莫夫心想这个问题太简单了，于是边打手势边说："他会做这个动作。"他伸出了两根手指，做剪刀状。修理工一听忍不住哈哈大笑："博士，你答错了。盲人买剪刀只要说一声自己想要什么就行了，根本用不着做手势呀。"阿西莫夫这才意识到自己犯了低级错误。修理工又接着说："我早就料到你会答错。因为你受过太多教育，所以看上去很聪明，实际上却不是这样。"

博士因为储备了太多的知识，头脑反而不如一个修理工灵活，可见，知识和经验也会成为人的负累，一个人掌握的知识越多，积累的经验越丰富，就越容易形成思维定势，而这种思维方式常把人带进固有的路径和模式，使人陷入思考的误区，对此，我们一定要加以警惕。

人的思维空间本该是无限延展的，可以容纳亿万种可能性，然而由于定势效应的干扰，我们的思维被限制在一个狭小的区域，那个区域是为我们所熟知的，也是阻碍我们探求其他路径的最大障碍，我们必须排除这种干扰，才能找到更正确、更便捷的解决方法。

09 互悦机制：喜欢是可以互相传染的

我们常常有这样的体验：自己喜欢的人，往往也喜欢自己，两个人知道彼此的心意后，往往会互相喜欢得更深。这就是心理学上的"互悦机制"。所谓的"两情相悦""相看两不厌"都是互悦机制在起作用。那么，我们为什么会喜欢上喜爱自己的人呢？喜爱我们的人为什么又恰巧是我们敬爱的人呢？难道世间真有一种神秘的力量能让两个互相喜欢的人不约而同地走到一起？从科学角度来说，当然不是。

事实上，人的感觉是互通的。假如有一个人欣赏你、喜欢你，就算没有直接用言语表达出来，也会通过眼神、动作、表情等将那份信息传达出来，和这样的人相处，你会自然而然地感到愉快，毕竟所有的人都期待得到他人的赏识和认可，当这个人站到你面前时，你便会觉得此人彬彬有礼、分外亲切，然后会不由自主地喜欢上对方。换作别人也是同样的道理，如果你主动向他人传达出友好的善意，表达出了对对方的赞赏和喜爱，对方也会不知不觉地喜欢上你。从这种角度来说，人与人之间的喜欢未必是同步的，但是"喜欢"这种感觉是可以互相传染的，你喜欢别人，别人就会喜欢你。所以要想赢得别人的喜欢，你首先要让自己喜欢上别人，这就是人际交往的基本法则。

有位花匠被法官雇来美化庄园，法官向他提出了许多建议。花匠连连点头，非常佩服地说："法官先生，您懂得可真不少啊！看来您不但博学，还很有生活情趣啊。我特别喜欢您家那条漂亮的狗，据说，它在家犬大奖赛中表现出色，赢得了不少蓝彩带。"法官听到这样的赞美，高兴极了，他开心地说："是啊，养狗确实很有意思，你想参观一下我家的狗舍吗？"

花匠欣然同意。

法官花了一个小时带着花匠参观狗舍，并向他讲述小狗狗们在各种大赛中赢得的奖项。随后他问花匠："你有孩子吗？"花匠说："有。"法官又说："他想养一只小狗吗？"花匠说："当然想啦，他很喜欢小动物，如果能有一只小狗，他一定会很开心的。""那我送给你一只小狗吧。"法官慷慨地说道。接着他耐心地说明了如何喂养小狗，由于担心花匠会记不住，还热心地把这些建议写在纸上。

法官花了将近一个半小时和花匠交谈，还赠给了他一条价值100美元的小狗作为礼物，两人分别时已然成为了朋友。显然，这位法官很喜欢那名花匠，这是因为花匠真诚地喜欢他，对于他的爱好以及他的生活真心地感兴趣，两个彼此欣赏的人就这样由原来的陌生人成为了可以亲切交谈的朋友。

既然互悦机制在人际交往中如此奏效，那么，我们如何率先传达出友爱的信息，让别人知道我们喜欢他/她呢？当然我们不可以直接告诉对方：我很喜欢你。因为那样做太冒失了。最恰当的方式莫过于真诚地欣赏对方身上的优点，言辞之间流露出对对方的钦佩和赞美之情。需要注意的是赞美一定要发自真心，千万不能给人留下虚伪的印象。

互悦机制告诉我们，爱人者人恒爱之，敬人者人恒敬之。你以友善的方式对待别人，别人也会回馈给你同样的友善。你真诚地欣赏和关心别人，别人也会用同样的态度对待你。喜欢是相互的，友好也是相互的。聪明的人从不强求别人喜欢自己，而会先让自己喜欢上别人，设法满足他人的心理需要，以此赢得别人的好感，换来真挚的友谊。

每个人都渴望自己被喜欢，但喜欢与被喜欢都不是单向的，而是一种双向互动的机制。喜欢别人和被他人喜欢互为因果。想要成为一个受欢迎的人，首先要学会表达对别人的喜欢，当你学会恰当地释放善意的信息时，别人也会以善意的方式对待你。

10 非理性定律：理性地看待非理性

每个人心中都横亘着一条波光潋滟的小河，把一颗心分成了左岸和右岸，左岸代表感性，蕴藏着世间最温柔的情感，主宰着我们的喜怒哀乐，右岸代表理性，它代表的是冷静、理智、合乎实际的思维。人是感情动物，绝对理性的人是不存在的，且在某些特殊的时刻，情感会以绝对的优势压倒理智，让我们做出一些非理性的事情来。人人皆有感性的一面，也都有不理性的时候，这种论断就是所谓的"非理性定律"。

非理性定律告诉我们：每个人都是根据自己的爱憎评判一切的，没有人可以做到绝对理性和客观，我们的判断总是会受到情感因素的干扰。有位教授曾做过一项冰淇淋的实验。他曾经向人们售卖两杯重量不等的冰淇淋，以此测试人们的反应。一杯冰淇淋只有 7 盎司，不过放进一个容积为 50 毫升的小杯子里，看起来非常满，仿佛随时都有可能溢出来一样。另外一杯冰淇淋为 8 盎司，但被装进了一个 100 毫升的大杯子里，看上去少得可怜。结果人们宁愿花钱去买只有 7 盎司的冰淇淋，也不愿意过问 8 盎司的冰淇淋。

这项实验说明，人脑不是科学仪器，我们判断眼前事物，依据的是自己的情感，而不是理性或客观数据。情感因素会在很大程度上左右判断结果。这就是为什么面对同样的事情，不同的人会有不同的反应，有的人提出的观点甚至会跟别人截然相反的原因。在非理性思维的影响下，我们不在乎做事的方法是否科学是否可行，只在乎采用的手段是不是符合自己的喜好。我们不考虑一件事是不是该做，只是想随行所欲地做自己喜欢的事情。更为糟糕的是我们的理智会被情感所蒙蔽，让我们在是非面前丧失了基本的判断力。

有个女青年酷爱国学，不仅博览国学经典著作，还经常坐在电视机前认真聆听国学大师的讲座，并多次参加文化学者的座谈会。有一天，她在传统文化座谈会上，有幸见到了自己仰慕已久的著名国学大师，感到既荣幸又惊喜。那位国学大师很受媒体追捧，到处宣讲孔圣人的理念，女青年想当然地把他想象成了一个儒雅敦厚、高风亮节的学者形象。然而那天发生的事情却完全出乎她的意料。

有位女士毕恭毕敬地走上台来向国学大师请教问题，大师感到很不耐烦，当着所有听众的面毫不客气地对那位女士羞辱了一番，语气生硬地说："你回去多翻翻字典，把字弄清楚了，再上台提问。"那位女士非常难堪，感到简直无地自容，满脸通红地走下了台。事后女青年感慨万分，她做梦也没有想到自己仰慕的大师级人物，居然会在大庭广众之下故意让别人难堪，亏她还一直把他奉为精神导师。其实，她就是被自己的情感蒙蔽了，出于对国学的热爱，她会不自觉对国学大师高看一眼，完全没有想过对方的素质和为人如此低下。

具有非理性思维的人，判断人或事物时，是把情感放在首位的，很容易被情绪左右，看待问题往往是有失偏颇的。这样的人内心世界一般都是非常丰富的，他们敏感、细腻，较为理想化，容易与现实脱节，在重要时刻，很难做出正确的判断和抉择。所以，我们要努力克制自己的非理性，做事要依从逻辑判断，不要过多地被内心的情感所左右。

11 虚假同感偏差：别以己之心，度他人之腹

我们通常会想当然地认为，自己喜欢的东西别人也喜欢，自己厌恶的

东西别人也讨厌，比如自己钟爱火锅，就以为大多数人也爱吃火锅，觉得肥皂剧无聊，就以为别人也都不喜欢看肥皂剧。这种心理倾向性就叫作"虚假同感偏差"。

虚假同感偏差是指人们总是在无意间高估或夸大自己意见的普遍性，误以为别人的信念、判断和自己高度保持一致。在虚假同感偏差的影响下，人们会更加肯定自己判断的正确性，更加坚定自己的信念，自尊心由此得到极大的满足，从而产生强烈的自豪感，但同时给人的决策带来误判。

斯坦福大学的社会心理学教授曾做过两项实验研究虚假同感偏差是怎样影响人们的判断的。在第一项实验中，他要求受试者阅读一起冲突的资料，并给出了两种可供选择的回应方式，接下来就让受试者猜测别人会怎么选择，然后说出自己的选择，再分别评价一下选择这两种回应方式的人的属性。结果显示，人们普遍相信别人会做出和自己相同的选择，似乎所有人都认为别人和自己的想法完全一样，然而事实却不是这样。教授还发现了一个有趣的现象，那便是当人们得知别人的意见和自己不一致时，就认为对方不正常，这显然是一种偏见。

在第二项实验中，受试者是一批大学生，教授要求学生在身上挂上写有"来Joe's饭店吃饭"的广告牌在校园里闲逛半小时，并对他们说如果他们愿意这样做就能学到有益的东西，如果不愿意可以表示拒绝。结果显示，同意挂广告牌闲逛的学生，62%认为其他学生也会这么做的。那些断然拒绝挂广告牌的学生，仅有33%的人认为别的学生会同意挂广告牌。学生的反应和上次实验的结果一样，对于意见不同的人持有很深的偏见，同意挂广告牌的学生认为拒绝的人假正经，而拒绝挂广告牌的学生则认为前者看起来很傻，而且古怪至极。

我们通常会相信自己的好恶和大多数人一样，自己的观点是被普遍认可的，持不同意见的只是少数人，所以一旦遇见与自己意见相左的人就会忍不住大肆抨击。比如豆腐脑的甜咸之争，喜欢咸味的食客想当然地认为往豆腐脑里加糖简直不可思议，而喜欢甜味的食客则认为把豆腐脑当咸菜吃既荒诞又可笑。人们总是错误地估计别人对自己的认同感，在这种错觉的影响下，人们出现了认知失调的情况，偏见和错误的判断由此产生。

克雷洛夫曾写过一篇《梭子鱼》的寓言故事，讲述的是梭子鱼禀性极坏，搅得整个池塘不得安宁，严重威胁鱼类生存，愤怒的鱼儿将他告上了法庭。梭子鱼的罪行罄竹难书，上呈的罪证堆起来比小山都高，所以大小鱼儿强烈要求把这个恶棍绳之以法。法庭上，被告梭子鱼被装进了一个大木盆里，法官是两头驴子、两匹马和三只山羊，检察官是一只狐狸。

听众席上议论纷纷，大家都说梭子鱼和狐狸有交情，他曾为狐狸举办过一场鱼席宴，法官们没有理会，明确表示他们将对梭子鱼进行公证的审判。法官们一致认为梭子鱼罪恶滔天，必须被处以死刑，于是便判处他绞刑。但狐狸却说："对于像梭子鱼这样罪行累累的恶徒来说，判处绞刑未免太便宜他了。我建议对他施以前所未有的极刑，以起到杀一儆百的作用。不如把他扔进河里活活淹死吧，这才是有史以来最严厉的处决。"

由于法官都是陆生动物，自然认为这种判决是最严酷的刑法，于是便异口同声地说："这确实是一个好办法。"最后，法庭对梭子鱼做出了判决，处罚是把他扔进河里淹死。

由于法官怕水，便理所当然地认为罪犯梭子鱼也怕水，误以为法庭做出了最公正的审判，但被告即池塘里的大鱼小鱼显然不是这么认为的，可是在虚假同感偏差的影响下，他们的意见被忽略不计，于是审判便以一种十分滑稽的形式收场了。这则寓言故事反映的就是虚假同感偏差造成的认知偏差，想要避免这种情况出现，我们必须让自己重视而不是忽视不同的意见，同时要注意不能过分关注支持自己观点的证据，而要收集更多的信息，全面了解情况，如此才能做出更加客观的判断。

12 权威效应：无处不在的"观念"侵入

美国斯坦福大学心理学家们曾做过这样一个实验：

一位教授向学生们介绍了一位著名的化学家——来宾·比尔博士。在课堂上，博士从包中拿出一个装着液体的玻璃瓶，说道："这是我正在研究的一种物质，它的挥发性很强，当我拔出瓶塞，马上就会挥发出来。但它完全无害，气味很小。当你们闻到气味，请立即举手示意。"

说完之后，博士便拿出一个秒表，并拔开瓶塞。一会儿工夫，只见学生们从第一排到最后一排都依次地举起了手。但是后来，心理学教授告诉学生：比尔博士只是本校的一位老师化装的，而那个瓶子中装的也仅仅是蒸馏水而已。

为何对于本来没有气味的蒸馏水，多数学生却认为有气味呢？这便是现实社会中普遍存在的一种社会心理现象，即"权威效应"在起作用。所谓的"权威效应"就是指如果说话的人地位高、有威信、受人敬重，那么他的话和行为就极容易引起别人的重视。

生活中，"权威效应"有着极为广泛的应用。比如某个商家为了使产品更能使人信服，便会让权威人士做广告宣传，而消费者也正是在被权威人士的"洗脑"作用下而产生购买意向的。比如在辩论说理时，我们也经常引用权威人士的话作为论据，以增强自己的说服力。在人际交往中，利用"权威效应"能够达到引导或者改变对方的态度和行为的目的。权威人士之所以能利用自己自身的"光环"，对人们进行"洗脑"，是因为其抓住了人性的"特点"。首先是人人都有寻求"安全感"的心理。权威人士已经在多数人的心中形成了"正确楷模"的意识，服从他们会给自己带来心理上的安全感，增加安全的"保险系数"；其次是由于人人都有被他人"赞许"的心理需求，认为如果与权威人物的行为相符合或者按照他们的要求去做，会得到社会各方面的赞许和奖励。抓住人性的"特点"，让多数人依赖于他，这便是权威让人服从的秘密，而绝大多数情况下，人们根本无法察觉到。

麦哲伦是举世闻名的航海家，他的航海成功正是得到了西班牙国王洛尔罗斯的大力支持，才完成了环球一周的壮举的，从而证明了地球是圆的，改变了人们一直以来"天圆地方"的观念。麦哲伦是在刚开始是如何说服国王赞助并支持自己的航海事业的呢？原来，麦哲伦是请了当时十分著名的地理学家路易·帕雷伊洛和自己一块去劝说国王。

那个时候，国为哥伦布航海成功的影响，很多骗子都觉得有机可乘，于是便都想打着航海的招牌，来骗取皇室的信任，从而骗取金钱，因此国王对一般的所谓航海家都持怀疑的态度。但是与麦哲伦同行的路易·帕雷伊洛却是当时久负盛名的地理学家，也是人们所公认的地理学界的权威人士，国王不但尊重他，而且还对他信赖有加。

路易·帕雷伊洛给国王历数了麦哲伦环球航海的必要性与各种好处，让国王心悦诚服地支持了麦哲伦的航海计划。因为相信权威的地理学家，国王才相信了麦哲伦，正是因为权威的作用，才促成了这一举世闻名的成就。

事实上，在麦哲伦环球航海结束之后，人们才发现，那时候的路易·帕雷伊洛对世界地理的某些认识是并不全面，甚至是错误的，得出的某些计算结果也与事实有偏差。不过，这一切都无关紧要，国王正是因为权威的暗示效应：认为专家的观点不会错，从而阴差阳错地成就了麦哲伦环球航行的伟大创举。

其实，在现实生活中，我们每个人的行为或观念都在不知不觉中受

"权威效应"的影响，比如在商场面对诸多的洗护用品时，我们会选择自己所崇拜的明星所代言产品；听了某位专家的"忠告"，我们会改变自身的一些行为或习惯……相信权威，是每个人的基本心理。在很多时候，权威人士的确能对我们的选择、行为产生一定的积极的引导作用，但是物极必反，生活中我们如果一味地迷信权威，放弃自己的判断和主见，是绝对不可取的。

13 安慰剂效应："自欺"的次数多了，你也就当真了

提到安慰剂效应，你首先想到的也许是发放到患者手里的糖丸，尽管不具有任何药效，但只要患者相信它能治病，服用后病情就能得到好转。安慰剂效应主要应用于医学领域，由于各种原因，医生给病人分发玉米粉做的糖丸，或者对病人实施"假"手术，进行"假"治疗，但让人称奇的是，病人的病情真的得到了控制，部分人还不治而愈了。这是为什么呢？

专家指出，药物只是安慰剂效应的媒介，只要你认为它确实是有疗效的，负面情绪就能瞬间得到抚慰，焦虑情绪也将得到缓解，你将不自觉地把自己调整到积极振奋的情绪状态，这时，药物是否具备临床疗效已经不重要了，因为积极的情绪本身就有助于病情向好的方向转化。

安慰剂被现代人发现，是因为一个叫 H·K·Beecher 的美国医生。Beecher 是一名麻醉师，第二次世界大战爆发后，他踊跃奔赴战场照顾伤员。盟军的军队和法西斯士兵在意大利南部海滩进行了一场惨烈的战斗，盟军伤亡惨重。有个伤兵痛苦地嚎叫着向 Beecher 索要镇痛剂，但那时镇痛剂就快用完了，Beecher 一筹莫展。为了安抚伤兵的情绪，护士只好用生理盐水代替止痛药物给伤兵注射，但伤兵并不知情。让 Beecher 感到吃

惊的是，身负重伤的士兵居然平静了下来，疼痛真的止住了。

美国牙医约翰·杜斯坚信安慰剂确实具有很好的止痛效果，在回顾 27 年从业生涯时，他强调很多病人来到他的诊所后都声称自己一进来就感到好多了。还有人说只要让他们一接触到医生的手，牙痛就缓解了。这些饱受牙病困扰的患者，在尚未接受正规治疗时，就因为安慰剂效应的作用而感觉病痛得到了缓解。

安慰剂效应有积极的一面，它可以让人暂时逃离痛苦，保持一个较好的情绪状态，但它也有消极的一面，人们躲到精神的避风港里，糟糕的状态就被掩盖了，这样做并不能解决现实世界里的问题，反而会引发更多的问题。安慰剂效应虽然体现出了精神的巨大力量，但精神毕竟是虚幻的，它不能完全改变现实，却有可能让人迷失在假象中难以醒来。

鲁迅笔下的阿Q运用的精神胜利法就属于安慰剂效应。作为底层社会的小人物，他无力摆脱卑微的地位，被人打后，就把挨打的场景想象成儿子打老子，然后愤愤然地指责这个世界没有公理，这样一想，反而感到心满意足了。这种自欺欺人的精神胜利法虽然起到了很好的麻醉剂作用，让阿Q对屈辱和痛苦浑然不觉，但并没有改变他悲惨的命运。

安慰剂在医学领域，确实被证明能缓解肉体上的痛苦，但在精神领域，它并不能解除真正的痛苦，而只会让人逃离现实，促使人在虚幻的安全感中逐渐沉沦，在自我麻醉中失去正视自己的勇气。鲁迅先生曾经说过："真的猛士敢于正视淋漓的鲜血，敢于直面惨淡的人生。"我们只有抛开安慰剂，才能成为真的猛士，才能勇敢地面对自己的人生。

命运对于苏联作家奥斯特罗夫斯基来说是无比残酷的。他出生在一个小山村的农户家里，由于家境贫寒，11岁便当起了童工。15岁那年，这名一贫如洗的热血青年参加了国内战争，1年后他在战斗中负伤，导致右眼失明。因为长期进行艰苦卓绝的斗争，他的健康状况每况愈下，年仅20

岁就因关节病而卧床不起。

25岁本是一个风华正茂的年纪，可他却成了一个全身瘫痪的残疾人，更为可悲的是他的两只眼睛都看不见了。面对人生的种种不幸，他没有逃避，也没有放弃，而是选择凭借惊人的毅力坚持写作。由于双目失明，全身只有手腕能活动，他写起文章来非常吃力。每次提笔前，他都要事先把要写的东西构思好，每章每节每字每句都要烂熟于心，然后把故事的内容讲给妻子听，由妻子代为记录。这项艰难的工作需要妻子的极力配合，一旦妻子不在身边，他就什么也干不成了。

时间一长，他觉得这样下去也不是办法，于是便尝试着自己动手写作。随后他叫人用硬纸板给自己做了一个布满方格的框子，然后把它放在稿纸上面，自己摸索着一个单词一个单词地写，有时一写就是一整夜。写作期间他还要用顽强的毅力与病魔抗争，常常把嘴唇咬出血来。在这种情况下，他终于完成了《钢铁是怎样炼成的》这部名作，成为了一个伟大的作家。

奥斯特罗夫斯基的故事告诉我们与其逃避现实，不如勇敢面对，无论前路有多么坎坷，无论你正经历着怎样的痛楚，只有勇敢接受暴风雨的洗礼，才能像海燕一样冲破天空中的所有的乌云。

安慰剂效应带给人的只是一个看似美好的幻觉，我们绝不能沉迷其中，更不要产生"但愿长醉不愿醒"的心态。事实证明现实是逃不开的，既然如此，我们何不以一种镇定的姿态去面对它呢？

14 韦奇定律：别轻易让人动摇你的意志

每个人都有面临抉择的时候，大到择校、就业，选择婚恋对象，小到挑选商品，选择哪条线路出行。做决定之前，我们或多或少都会向朋友、家人、同事征求意见，即使心中有了主见，也还是想听听别人的想法。假如身边的人和我们的想法惊人一致，那么我们往往会会心一笑，但是如果出现相反的情况，别人的看法全都与我们相左，我们就很难坚持自己最初的观念了，心理学上把这种想象称作"韦奇定律"。

韦奇定律是由美国洛杉矶加州大学经济学家伊渥·韦奇提出的，他认为："即使你已经有了主见，但如果有 10 个朋友看法和你相反，你就很难不动摇。"这是因为我们意志不坚定吗？其实不是的。我们在做决策前，之所以要向他人咨询意见，是为了掌握全面丰富的信息，更好地理解和分析问题，以便于纠正偏差，做出最切合实际的决定，当大多数人的意见和我们不一致时，我们自然会奉行少数服从多数的原则，选择听从大众的意见，放弃自己最初的主张。问题在于大众都认可的事情未必是正确的，大众所选择的道路未必适合我们，我们为了少犯错而广泛征求意见，却极有可能被多数人的言论误导。

韦奇定律告诉我们：我们是非常容易被别人的意见所左右的，尤其易于屈从于多数人的意见。每个人站在十字路口，不知道向左走还是向右走时，通常比较茫然，就算选定了方向，也还是担心会走错路，所以才会把周围的人当成智囊团，但通常情况下，别人并不能为我们选择正确的道路，因为别人的感受并不能代替我们的感受。由此看来，没有主见乃是人生的大忌。

其实，有主见的人，也有可能受韦奇定律影响。因为站在多数人的对立面是需要勇气的，不是所有人都能像但丁那样，掷地有声地说一句"走自己的路，让别人说去吧"，然后毫无负担地坚持自我。任何一个生活圆满、事业有成的人，都是坚持走自己的路才获得成功的，甘愿受别人摆布是不可能过上自己想要的生活的。我们只有坚定自己的信念，义无反顾地朝着自己选定的方向前进，敢于不走寻常路，才能实现自己的理想和价值。

　　女科学家罗莎琳·苏斯曼·雅洛从小就有着与众不同的一面，刚刚 3 岁时她就有了自己的主意，坚决要朝着自己认定的道路前进。有一次，母亲带她外出，回来时她怎么也不肯顺着原路走，无论母亲怎么规劝，她坚持要走一条新路，母女俩在大街上僵持了很久，引来了很多人围观。面对这种情形，母亲真是哭笑不得，最后只好妥协了。

　　少女时代，她读完居里夫人的传记后，便立志成为一名科学家。她认定成为居里夫人那样献身于科研的工作者就是自己毕生的追求，当周围的人知道她的想法时，几乎都觉得她是在做白日梦，没有一个人支持她。高中毕业后，母亲想要把她培养成一名小学老师，然而她依然做着自己的科学梦。读完大学，父亲建议她到中学教书。家人都认为对于女孩子来说，能有一份谋生的工作就不错了，奉劝她不要再痴心妄想了。但罗莎琳说："居里夫人也是女人，她能做到男人都做不到的事，我相信我也一定能做到，我想成为她那样的人，为科学奉献一生。"她同时向父母保证绝不会为了事业耽误家庭，将来一定会成为一个贤妻良母。

　　罗莎琳在通往科学殿堂的道路上艰难求索着，但是在当时的时代，女人社会地位不高，在科学界很难受到重视，她很难拿到研究院的津贴，但是她要当科学家的决心并未因此而动摇过。后来，她被伊利诺斯大学破格录用了，成为了一名助教。若干年后，她凭借着在医学上的特殊贡献先后获得了 12 个医学研究奖奖项。1977 年，荣膺诺贝尔生理学及医学奖，终于成为了像居里夫人一样受人尊敬的女科学家。

　　罗莎琳的故事告诉我们，我们应当矢志不移地坚持自己所选择的道路，无论有多少反对的声音，也无论有多少人质疑，只要我们做出了决定，就不要轻易放弃，不能轻易让别人的言论动摇了自己的意志。正如巴普洛夫所说的那样："倘若我坚持什么，即使用大炮也打不倒我！"若是有了这样的信念和勇气，那么，做任何事情都会成功的。

第二章
行为心理规律

在因果关系链中，思与行是辩证统一的关系，有什么样的思想，就会有什么样的行为。唐代文学家韩愈说："行成于思，毁于随。"西方哲学家笛卡尔说："我思故我在。"他们从不同的角度肯定了思维对一个人行为的支配作用。

仔细观察，你会发现，那些思路灵活、拥有创新意识的人，其能力和综合素质要远远强于普通人，他们往往能另辟蹊径，做好别人根本做不到的事情。而墨守成规、缺乏独立思考能力的人，每次遇到问题都疲于应付，能力受到抑制，要么被淘汰出局，要么平庸一生。卓越者和平庸者最大的不同就在于他们思考问题的方式不一样，不同的思维方式决定了一个人的强大或弱小。

01 罗森塔尔效应：积极暗示能激发人的潜能

美国著名的心理学家罗森塔尔曾经做过这样一个实验：

他将一群小白鼠随机地分成两组：A 组和 B 组，并且告诉 A 组的饲养员说，这一组的老鼠非常聪明；同时又告诉 B 组的饲养员说他这一组的老鼠智力一般。几个月后，教授对这两组的老鼠进行穿越迷宫的训练测试，发现 A 组的老鼠竟然真的是比 B 组的老鼠聪明，它们能够先走出迷宫找出食物。

对此，罗森塔尔教授得到了启发，他想这种效应能不能也能够也会发生在人身上呢？他来到了一所普通的中学，在一个班里随便地走了一圈，然后就在学生名单上圈了几个名字，告诉他们的老师说，这几个学生智商很高，很聪明。过了一段时间，教授又来到这所中学，奇迹竟然又发生了，那几个被他选出的学生现在真的成为了班上的佼佼者。

为何这一神奇的行为现象会在生活中发生呢？这也正是"暗示"这一神奇的魔力通过人的心理在发生作用。

其实，我们每个人都会接受这样或那样的心理暗示，这些暗示有的是积极的，有的是消极的。如果一个人总是受到积极的、赞许的肯定，他就会接受这种积极的暗示，其行为就会在这种暗示的激发下表现得更好，从而成就优秀人生。

罗杰·罗尔斯是纽约第 53 任州长，也是纽约历史上第一位黑人州长。他出生在纽约声名狼藉的大沙头贫民窟中：那里的环境肮脏，充满了暴力，是偷渡者和流浪汉的聚集地。在这里出生的孩子，从小就耳濡目染学会了逃学、打架、偷窃甚至吸毒，长大后很少有人能获得较为体面的职业。然而，罗杰·罗尔斯却是一个例外，他不仅进了大学，而且成了州长。

原来，他的成功得益于他的小学校长皮尔·保罗。罗杰·罗尔斯上小学的年代，当时正值美国嬉皮士流行的时代，当时的皮尔·保罗走进大沙头诺必塔小学的时候，发现这里的穷孩子比"迷惘的一代"还要无所事事，他们不与老师合作，旷课，斗殴，甚至砸烂教室的黑板。

看到这样的状态，皮尔·保罗决定改变一下，而他改变的秘诀是给予学生们积极的肯定。

有一天，当罗尔斯从窗台上面跳下来，伸着小手走向讲台时，皮尔·保罗却对他说："我一看你修长的小拇指头就知道，你将来一定会成为纽约州的州长。"

罗尔斯当即大吃一惊，他自己长这么大，只有奶奶说过他将来有可能会成为一个5吨重的小船的船长。对于皮尔·保罗先生的称赞，罗尔斯着实有些意料。于是，他就永远地记下了这句话，并且相信了它，在以后的40年人生生涯中，他不断地用这句话来激励自己。他的衣服不再沾满泥土，他说话也不会再夹杂污言秽语。他开始挺直腰杆走路了，他没有一天不按州长的身份去要求自己。果然，在他51岁那年，真的就成为了纽约州的州长。

罗尔斯由一个毫不起眼的穷孩子最终成为纽约州的州长，就是"罗森塔尔效应"在起作用。由此也可以得出这样的结论，适当的鼓励与心理暗示，会影响一个人的一生。为此，对于平常人来说，要想改变自己的命运，发挥人生能量，一定要懂得自我肯定。同时，在评价别人的时候，最好给予一些正面的评价，以激发人的潜能。因为人的行为是受意识暗示的影响，在积极暗示的语言下，我们可以做出种种意想不到的举动来。如果你总是用积极的信号引导自己，告诉自己"我能够行""我可以做到"，那么你自身的潜能就有可能被激发出来，你就有可能取得成功，实现你的目标。越是肯定自己，你就会变得越强大，越是否定自己，你就会变得越胆小，你的能力也会渐渐消失。

02 超限效应：凡事要把握"度"，否则便"适得其反"

超限效应是指刺激过多、过强或作用时间过久，从而引起心理极不耐烦或逆反的心理现象。"超限效应"来源于一个故事：

有一次，美国著名作家马克·吐温在教堂听牧师演讲。最初，他觉得牧师讲得很好，使人感动，准备捐款。过了10分钟，牧师还没有讲完，他有些不耐烦了，决定只捐一些零钱。又过了10分钟，牧师还没有讲完，于是他决定1分钱也不捐。等到牧师终于结束了冗长的演讲开始募捐时，马克·吐温由于气愤，不仅未捐钱，还从盘子里偷了2元钱。马克·吐温本来想捐钱，但由于牧师不停地说教，让他产生了逆反心理，从而做出了与原来意愿相反的举动，这便是"超限效应"。

超限效应通过人的心理发生作用，进而影响人的行为，其表现在生活中的方方面面。比如在家庭教育中，当孩子犯错时，父母会一次、两次、三次，甚至四次、五次重复对一件事做同样的批评，使孩子从内疚不安到不耐烦乃至反感讨厌。被"逼急"了，就会出现"我偏要这样"的反抗心理和行为。可见，家长对孩子的批评不应超过限度，应对孩子"犯一次错，只批评一次"。如果非要再次批评，那也不应该简单地重复，要懂得换个角度、换种说法，这样，孩子才不会觉得同样的错误被"揪住不放"，厌烦心理、逆反心理也会随之减低。

在演讲活动中，超限效应也告诫人们，要做一场报告，或是一场演讲，开始的3分钟很重要。你必须要在3分钟内进入主题，必须要在3分钟以你的魅力抓住听众。同时要确保你演讲的过程要逻辑清晰，层层推进。同时，演讲的过程中要设计语调的变化、意境的变化，力求在"中场"也产生"三分钟效应"。在一个大型的论坛上，更要控制好自己的时间，用好3分钟和30分钟，重点内容要在30分钟内讲到，主要内容控制在40分钟左右。否则，时间一长，听众的精神更会疲劳不堪，注意力也会分散。人就会对你所讲的内容产生逆反心理，从而对你所说的观点产生逆反心理。

另外，超限效应在交际活动中也有着极为广泛的应用，即两人在交谈时，要注意节奏，控制时间，重要的内容要在前面的三十分钟充分交流，切忌铺垫太长。如果你发现对方已经开始看表，或者注意力开始分散，开始左顾右盼，你的谈话就要结束了，这样才能起到良好的沟通效果。

在单位中，在与下属进行沟通的时候，也要讲究艺术。比如针对其个人的缺点，你要抓住一次机会给他说透，然后给他时间让他领会和接受。过一段时间对方还未改变的话，可以再找机会提醒他，点到为止，切勿针对一个问题，反复地说他，以防其对方产生逆反心理，不利于以后的沟通交流。

在商业活动中，一个极好的广告，第一次被人看到的时候，会让人赏心悦目，当第二次被人看到的时候，会让人用心注意到他宣传的产品与服务。如果这样的广告要在短时间内大密度式地轰炸，就会让人产生厌恶之感。所以，广告宣传一定要把握好"度"，需要从多维度刺激消费者的感官，但要适可而止。

03 德西效应：不当的激励会收到"适得其反"的效果

德西效应源于一个叫德西的心理学家的一个实验：

将大学生作为试验的主角，在实验室里解有趣的智力难题。实验共分三个阶段：第一阶段，所有的被试者都无奖励；第二阶段，将被试者分为两组，实验组的被试者完成一个难题可得到 1 美元的报酬，而控制组的被试者跟第一阶段相同，无报酬；第三阶段，为休息时间，被试者可以在原地自由活动，并把他们是否继续去解题作为喜爱这项活动的程度指标。

实验组（奖励组）被试者在第二阶段确实十分努力，而在第三阶段继续解题的人数很少，表明兴趣与努力的程度在减弱，而控制组（无奖励组）被试者有更多人花更多的休息时间在继续解题，表明兴趣与努力的程度在增强。

由此，德西得出这样的结论：在某些情况下，人们在外在报酬与内在报酬兼得的时候，不但不会增强工作动机，反而会减低工作动机。此时，动机的强度会变成两者之差。人们将这种人心理和行为规律称之为德西效应。这个结果也表明，进行一项愉快的活动（即内在报酬），如果提供给外部的物质奖励（外在报酬），反而会减少这项活动对参与者的吸引力。

有一群孩子总在一位老人家门前嬉闹，叫声连天。几天过去，老人实在是难以忍受。于是，他出来给每个孩子 10 美分，对他们说道："你们让这儿变得异常的热闹，我觉得自己年轻了不少，所以要用这点钱表示感谢。"孩子们高兴极了。于是，在第二天，孩子们表现得异常活跃。这一次老人出来，给了每位孩子 5 美分。孩子们心想，5 美分也可以吧，孩子们仍旧兴高采烈地走了。

第三天，老人只给了每个孩子 2 美分，孩子们便勃然大怒，"一天才 2 美分，知不知道我们有多辛苦！"于是孩子们便向老人发誓，他们再也不会为他玩了。

老人为了获得安静的环境，运用的方法很简单：他将孩子们的内部动机"为自己快乐而玩"变成了外部动机"为得到美分而玩"，这个本来操纵着美分的外部因素，也在间接地操纵着孩子们的行为。

德西效应在日常的管理活动与教育行为中有着极为广泛的应用。

比如在一家私企中，一位老板每每向人抱怨自己的高级人才总是大量流失："我已经连续给他们涨了很多次工资了，怎么看不到一丁点的成效呢?"从薪资这个角度来看，原有的外在报酬如果距人才需要满足的水平太过遥远，直接激励的原有强度又不足，必然会导致"德西效应"。如果人才觉得工作本身所具有的外在报酬与内在报酬都不尽如人意，即便外在报酬在不断地增加，也无法达到其预期，人才转投他处也是必然的结局。

为此，企业要避免这种现象，就要懂得给内部的人才以内在的激励，即一方面用鼓励、口头表扬等方式激发人才对工作的热情和兴趣，另一方面，在物质方面给予一定的激励，如此才能真正地留住人才。

德西效应在生活教育中也时有显现。比如，父母经常会对孩子说："如果你这次考得100分，就奖励你100块钱""要是你能考进前5名，就奖励你一个新玩具"等。家长们也许没有想到，正是这种不当的奖励机制，将孩子的学习兴趣一点点地消减了。为此，要避免"德西效应"的出现，在学习上，家长应该引导孩子树立远大的理想，增进孩子对学习的情感和兴趣，增加孩子对学习本身的动机，帮助孩子收获学习的乐趣。家长的奖励可以是对学习有帮助的一些东西，如书本、学习器具，那些与学习无关的奖励，则最好不要。

04 增减效应：让你的批评"入耳"，更"入心"

人的行为似乎都遵循这样的规律：总是喜欢那些对自己的喜欢显得不断增加的人，而厌恶那些对自己的喜欢显得不断减少的人，心理学家将这种现象称为"增减效应"。

增减效应，也源于一个心理学实验：

受测试者为 80 名大学生，将他们分为四组，每一组被测试者都有七次机会听到某位同学谈论与他们相关的评价。其方式是：第一组为贬抑组，即七次的评价只说被测试者的缺点而不谈他们的优点；第二组为褒扬组，即七次的评价只说被测试者的优点不说缺点；第三组为先贬后褒组，即前四次评价专门说被测者的缺点，后三次评价则专门说被测试者的优点；第四组为先褒后贬组，即前四次评价专门说被试者优点，后三次评价则专门说被试者缺点。当四组受测试者听完该同学对自己的评价后，心理学家要求受测试者们各自说出对该同学的喜欢程度。

实验的最终结果表明，最喜欢该同学的是先贬后褒组而非褒扬组。理由是，一个人若要以"先贬后褒"的方法去评价一个人，要比一直褒扬或先褒后贬显得更客观，更诚实，更值得人信赖。增减效应告诫我们，无论在工作还是在生活中，要指出他人的缺点或欲批评某人时，要懂得讲究一些策略，不能一味地贬低或批评他，而是应该先出其缺点或不足，然后再用赞美或鼓励地的话帮他树立改正错误的信心，以便让你的批评在"入耳"时更"入心"，从而达到良好的效果。

刘栓是某校高三年级的学生，平时成绩平平，可他在文理分班后的第一次月考中考了全年级前 10 名，成了平行班级学生眼中的"神人"。但出乎意料的是，他却在第二次月考中名落孙山。妈妈得知他的成绩后，曾几次找他谈论有关成绩下降的问题，最终都在防备的眼神和满不在乎的语气中败下阵来。

在焦急中，妈妈决定改变一下自己的沟通方式。那天晚上，刘栓刚做完作业还未睡觉时，妈妈又一次找他谈考试成绩的事。刚开始，刘栓仍旧一副满不在乎的样子。妈妈毫不客气地说："我怎么觉得你那么傲慢和自以为是呢？"听到这句话，刘栓的表情一下子就变了。这时，妈妈的话锋一转："其实我一直都很欣赏你，觉得你的历史基础很不错，懂的知识也很多。你怎么懂得那么多的历史知识啊？"

刘栓回答道："我对历史很感兴趣，喜欢读这方面的书。"说着说着，刘栓的眼圈开始红了。

妈妈装作没看见，继续表扬他说："嗯，看得出来，你对学习还是有一套自己的方法的。"还没等她继续表扬下去，他就忍不住哭了起来。问其原因，原因是因为妈妈原本对他"自以为是"的评价让他接受不了。

妈妈反问了他一句："你说我为什么会这么看你呢？是不是你学校里的老师和同学都这么说过你？"再后来，妈妈接下来与他的沟通便畅快多了。妈妈很快了解到儿子第二次考试考得那么差的原因：他怕考好了学校让他进实验班，而他不愿意离开现在的班级。

了解原因后，妈妈让刘栓端正心态，果真在后面的考试中，他屡屡考出了好成绩。

生活或工作中，直接批评一方面难以让人心悦诚服地改正错误，而且还容易将两人的关系闹僵。对此，我们可以运用沟通中的"增减效应"，先说出对方不好的方面，然后再对其好的方面给予赞扬，如此，才能让对方接纳和改变自己的行为。

另外，在销售场上，一些销售员也会运用"增减效应"进行销售，在称货给顾客时总是先抓一小堆放在称盘里，然后再一点点地添入，而不是先抓一大堆放在称盘里再一点点地拿出。

当然了，在生活中，我们也不能机械地照搬"增减效应"。因为我们在评价一个人时，所涉及的因素有很多，仅靠褒与贬的顺序变化不一定能解决一切问题。我们还要根据具体的对象、内容，时机和环境因素，灵活地去把握，否则就有可能会弄巧成拙。

05 暗示效应：给人生种一颗"力量"的种子

人的行为是受心理活动支配的，而暗示效应则是能使人心理发生变化进而影响或改变个人行为的一种心理效应。它是指在无对抗的条件下，用含蓄、抽象诱导的间接方法对人们的心理和行为产生影响，从而诱导人们依照一定的方式去行动或接受一定的意见，使其思想、行为与暗示者期望的目标相符合。一般来说，儿童要比成人更容易接受暗示。

所谓的暗示是指：人或者环境以非常自然的方式向个体发出信息，个体在无意间接纳了这种信息，从而做出相应反应的一种心理现象。心理学家巴甫洛夫认为：暗示是人类能够接纳的最简化、最典型的一种条件反射。很多时候，暗示就如一把"双刃箭"，积极的暗示可以给一个人以力量，让人变得更优秀、更强大，而消极的暗示则可以置一个人以消极之中，让人变得颓废、弱小，甚至还可能在关键时候毁掉一个人。所以，生活中要多给自己更积极的暗示，以让自己获得积极的能量。

曾经有一支探险队进入某个灾区，在茫茫的沙漠中，四周荒无人烟。在这种情形下，大家的水都喝光了……眼看着这沙漠，大家的神情都表现得无比的难看，他们也感到生存下去的希望极为渺茫……就在这时，队长拿出一只瓶子说道："这里有一壶水，但是穿过沙漠之前，谁也不能喝。"

也就是在这个时候，大家仿佛看到了救世主出现了。一壶水成了穿越沙漠的信念之源，成了求生的寄托目标。小壶从队长的手中开始传递，那沉甸甸的感觉使队员们濒临绝望的内心又燃起一丝希望。终于，他们凭借毅力走出了沙漠，挣脱了死神之手。大家都喜极而泣，用颤抖的手拧开那个瓶子，却发现那里面并没有水，而是装满了沙子。

那个队伍之所以能够走出绝境，在于他们受到了积极的心理暗示：穿过沙漠，便能获得水源。而且他们已经将这种暗示转化成了一种信念，进而又转化成行动的力量，致使他们最终穿越绝望，走出绝境。

暗示效应能够指导人的行动，而行动则能带你走向成功。它是一个过程，它让你向目标前进，激发出你的潜能，从而让你走出困境。

曹操带兵攻打宛城（今河南南阳）时，部队长途跋涉，路上又找不到取水的地方。士兵们都很口渴。曹操为了不耽误行军，指着前面一个小山包说："前面就有一大片梅林，结了许多梅子，又甜又酸，可以用来解渴。"士兵们听后，嘴里都流出口水。于是一边想象着酸甜可口的梅子，一边继续前进，终于到达了前方有水源的地方。

很多时候，暗示能够激发出惊人的力量，它是成功的动力源泉，在你遇到困难时，它可以帮助你积极地想办法去解决问题，而在你一无所有的时候，它又能带给你勇气，使你重新站起来，继续前进，直到成功为止。因此，在生活道路上，我们完全可以利用"暗示效应"，让自己表现得更好。你可以重复地告诉自己：我能做到！我一定能做到！在重复这句话的同时，也要想象着你想要达到的表现水准，不要让任何相反的念头窜入你的心中。学会忘掉它们，胜利者永远只想着胜利。很多时候，你运用积极的暗示，就是在给人生种一颗叫"力量"的种子。

暗示效应告诉我们，那些相信自己会失败的人，总是相信不好的结果一定会发生，所以他们并不缺乏信心。他们的错误就在于总是将自己满腔的信心放在不想要的事情上！唯有我们所信的思想最后才会落实到我们的生活中，这是因为潜意识只接受我们所相信的事物。所以，要想拥有成功，先学着多给自己一些积极的暗示吧！

06 投射效应：别戴着"有色眼镜"看人

投射效应也是一种通过影响人的心理而使人改变自身行为的现象之一。它具体是指，将自己的特点归因到其他人身上的倾向。在认知和对他人形成印象时，以为他人也具备与自己相似特性的现象，将自身的情感、意志、特性投射到他人身上并强加于人，即推己及人的认知障碍。比如，一个心地善良的人会以为别人都是善良的，而一个经常算计别人的人则会觉得别人也在算计他等，也就是平时我们所说的戴着"有色眼镜"看人。

通常来说，投射效应说的其实就是以己度人的现象，它有两种表现形式：一是情感投射，即认为别人的好恶与自己是相通的，进而按照自己的思维方式，试图影响别人；二是认知缺乏客观性，主要表现为过度颂扬自己喜欢的人，或者贬低自己不喜欢的人。

东野圭吾在小说《恶意》里讲了一个让人不寒而栗的故事：畅销书作家日高邦彦在家中被杀，杀人凶手是同样身为作家的昔日同窗好友野野口修。

野野口修的杀人动机源于一种莫名其妙的"恶意"。他在事情败露后供述道："总之我就是看他不爽。"

与一见钟情的美好相反，有的人你刚接触就无缘无故讨厌他，他的一举一动都让你反感。野野口修对日高邦彦所产生的莫名其妙的厌恶感，主要是"投射效应"作用的结果。人总是莫名其妙地会讨厌或喜欢一个人，就是"投射效应"的结果。所以，要想在人际交往中成为他人喜欢的那种人，那就一定会学会给予对方积极的"投射"。

生活中，人们总会习惯性地将自身具有的某种特性，比如经历、好恶、欲望、观念、情绪、兴趣等投射到他人身上，认为他人也一定具有与自己相同或者相似的特性。事实上，每个人的想法不同、利益不同、性格不同、文化背景不同，喜好也会不尽相同，只有给予符合对方审美习惯的喜好，才能获得他人的欢迎。

宋代著名学者苏东坡和佛印和尚是好朋友，一天，苏东坡去拜访佛印，与佛印相对而坐，苏东坡对佛印开玩笑说："我看见你像一堆狗屎。"而佛印则微笑着说："我看你是一尊金佛。"苏东坡觉得自己占了便宜，很是得意。回家以后，苏东坡得意地向妹妹提起这件事，苏小妹说："哥哥你错了。佛家说'佛心自现'，你看别人是什么，就表示你内心里有什么。佛印看你似一尊佛，说明他心中有佛；而你看他则像一堆狗屎，可见你内心装着不干净的东西。"

你心中有什么，眼中也就有什么。投射效应使人们倾向于依照自己是什么样的人来知觉他人，而不是按照被视察者的真实情况进行知觉。当观察者与观察对象十分相像时，观察者会很准确，但这并不是因为他们的知觉准确，而是因为此时的被观察者与自己相似。因此，导致了他们的发现是正确的。投射效应是一种严重的认知心理偏差，辩证地、一分为二地去对待别人和对待自己，是克服投射效应的良方。

07 惯性定律：卓越不是一种行为，而是一种习惯

著名心理学家威廉·詹姆士说：播下一个行动，收获一种习惯；播下一种习惯，收获一种性格；播下一种性格，收获一种命运。由此可以得出结论：习惯决定命运。这就是心理学上的"惯性定律"。

你是否有这样的体验，明知自己身上的某个习惯可能成为前进道路上

的绊脚石，或是影响自己一生的前途，却怎么也改不掉，而那些我们耳熟能详的所谓卓越人士的好习惯，无论我们怎么强迫自己身体力行地践行，都很难使其成为我们生命中的一部分，其实，这就是惯性力量在起作用。惯性的本质就是一种重复性的延续。亚里士多德曾经说过：优秀是一种习惯，卓越也是一种习惯。人的行为总是一再重复，因此，卓越不是单一的行动，而是习惯。

我们面临的最大难题是，养成好习惯不容易，改掉坏习惯更是难上加难。一个好的习惯在形成之前就像蛛丝一般脆弱，但一个坏的习惯一旦养成，就如绳索般牢固，足以套牢我们的一生。造成这种结果的原因是我们的意志力不够坚定，缺乏坚持到底的精神，其实只要重复得次数足够多，长期坚持下来，好习惯完全是可以培养起来的。

苏格拉底是一个伟大的哲学家，同时也是一个了不起的教育学家，他的教学方式和教育方法在今天看来依然是别出心裁的。有一天，在课堂上，他忽然对学生们说："今天我不讲什么深奥的哲学，我们只学一样东西，那就是跟我做一个简单的动作，先把胳膊抬起来，然后用力向后甩。"说完，他示范了一下甩手的动作。

学生们都忍不住笑了起来，其中一名学生不解地问："老师，这么简单的事情，难道还用学习吗？"苏格拉底严肃地说："你们不要觉得甩手是件很简单的事情，其实做好这件事是很难的。"听完老师的这番话，学生们笑得更响亮了。苏格拉底随即宣布道："你们学会这个动作以后，每天都要坚持做300遍。"学生们都有些不以为然，心想：这有什么难的呢？

过了10天，苏格拉底问有谁每天坚持做300下的甩手动作，80％的学生都举起了手。20天以后，苏格拉底问了同样的问题，举手的学生减少了一半。一年以后，他再次发问时，只有一名学生举起了手，他就是我们所熟知的大哲学家柏拉图。

这则故事告诉我们，坚持做同一件简单的事情并不是那么容易的，短期的坚持似乎人人都能做到，长期不懈的坚持却只有少数人才能做到，但只要你坚持下来了，养成了良好的习惯，就能有一番成就和作为。众所周知，好习惯可以让人终身受益，坏习惯则会成为我们行动的障碍，甚至会毁掉我们的大好前程。培养好习惯，克服坏习惯，唯一的秘诀就是坚持，心理学认为，形成一种新习惯只要坚持一段时间，就能习惯成自然。

一只鹰通常可以活到 70 岁，在鸟类当中，鹰的寿命是最长的，但是活到 40 岁的时候，鹰的身体就明显老化了，它的嘴巴变钝，爪子也不像以前那么锋利了，捕食出现了很大的困难，假如迈不过这道坎，就会被活活饿死。只有一种方法能让鹰存活下来，那就是反复用嘴撞击坚硬的岩石，直到让嘴巴外的硬壳完全脱落，重新长出新的外壳。随后还要把爪子上的指甲一根根硬生生地拔掉，忍受锥心的痛苦，把自己弄得鲜血淋漓，等到指甲重新长出来之后，它就能重新捕食了。这种炼狱般的考验前后要经历 140 天，通过严酷的考验之后，它可以继续再活 30 年。

一只鹰用 140 天的坚持换来日后 30 年的生命，显然是非常值得的。虽然过程是那么痛苦，但是对于我们而言，长期坚持一些好习惯，换来的就是一生的幸福，而这个过程和鹰的蜕变所经历的痛苦相比简直不值一提，那么，我们还有什么理由不坚持呢？

驴子能任劳任怨，具有坚忍不拔的毅力，千里马能日行千里，纵横天下，它们都有着各自的优秀，这种优秀虽然跟禀赋有关，但也是习惯使然，习惯了不辞劳苦或是习惯了奔腾驰骋，就会内化成一种品质。人也一样，让优秀成为自己的一种习惯，就能改变自身的行为，从而收获另一种命运。

08 100－1＝0 定律：不拘小节，难成大事

人们常说："小心驶得万年船。"管理者都知道，成功一百次还是要小心，因为只要一次失败就会使得前面的成功化为乌有。在心理学上，人们把这种情况叫作"100－1＝0 定律"。

"100－1＝0 定律"最早是由监狱管理者提出的。他们认为，无论一个监狱管理者工作完成的如何出色，都属于分内之事，但是，如果在众多的犯人中逃掉一个，就属于严重失职，之前的成绩也就一笔勾销。这就要求我们在处理每一件事情时都打起十二分的精神，做到万无一失。

许多人不懂得"100－1＝0 定律"，认为小事无足轻重，不足以影响大事，更不足以成就大事。事实上，任何一件事情要想做得完美，其中都以一些小事作为基础，并起着关键作用，而任何一个问题的解决，都有一件决定性的小事起着举足轻重的作用。

东汉时有一少年名叫陈蕃，他饱读诗书，自命不凡，一心只想干大事业。一天，他父亲的一位朋友薛勤来访，见他居住的屋子里龌龊不堪，便对他说："孺子何不洒扫以待宾客？"他答道"大丈夫处世，当扫天下，安事一屋？"薛勤反问道："一屋不扫，何以扫天下？"这下只剩下陈蕃无言以对，在那里发呆了。

不论是为了避免失败，还是为了获得成功，我们都必须重视"100－1＝0 定律"，因为"天下大事必作于细，天下难事必作于易"。老子云："合抱之木，生于毫末；九层之台，起于累土；千里之行，始于足下。"

曾经有一艘满载货物的商船，在准备扬帆起航时，却发现船上有一只小老鼠。发现老鼠的正是管理货仓的水手。水手立即把这一情况报告给了

船长，并建议船长，先不要开船，等抓住那只老鼠后再重新起锚。

船长当然不会把一个水手的建议放在心上，大笑着说："年轻人，你这么大的个子，怎么会害怕一只小小的老鼠呢？"

水手回答说："船长先生，我不是怕老鼠，而是担心这只老鼠咬坏了我们的船，所以还是建议您命令全体船员抓住这只老鼠。"

船长听了水手的话，恼怒地说道："一只小小的老鼠怎么可能咬穿我的船底？"同时看了水手一眼，接着说道："年轻人，我有40年的航海经验，我在海上待的时间，比你的人生还要长呢！"

"可是，我还是觉得应该先抓住老鼠，然后再开船。这样我们的船才能够安全。"水手再一次请求道。

"不要再说了！我是绝不会为了一只老鼠耽误我们起航的时间的。"船长坚决地说道："再说，要想抓住那只老鼠，我们必须要先卸掉所有的货物，船上的人还不笑话我小题大做！"说罢，船长下令起锚，水手们也只好扬帆起航了。

两个多月过去了，这只商船还在海上航行着。有一天，海上起了巨大的风浪，那位管理仓库的船员知道大事不好，赶紧把一个救生圈绑在了自己的身上，而且建议其他船员也这样做。

船长看见了，一面嘲笑他贪生怕死，一面呵斥他动摇了军心。正在这时，船长突然发现自己的船舱里已积满了水，船身同时开始下沉。原来，起航时的那只小老鼠，早已把船底咬穿，海水灌进船舱里来了。

最后，自负的船长和他的货船自然以悲剧结尾，而那位管理货仓的水手，成了这次事故中唯一的幸存者。

故事中的船长因为只想到船只的坚固和巨大，所以忽视了货仓里的老鼠，最后正是这只老鼠让他船毁人亡。由此可见，因为自负而忽视细节的人，往往尝尽人生失败的苦果。生活中，虽然并不是所有的小事都能决定成败，但只有重视每一件小事，才能为做好大事打下坚实的基础。

有人觉得"100－1＝0 定律"过于残酷，但是事实往往如此。生活中的很多失败者并非一无是处，他们的失败往往是因为轻视了身边的细节，结果一招走错，满盘皆输。差之毫厘，谬之千里，谨小慎微的人都明白这个教训，所以他们对于一切都坚持一种严谨的态度。但是，生活中很多人总是自命不凡，工作中不重视细节，生活中更是对细小的事视而不见。如果有人给我们以善意的提醒，我们反而会将"成大事者不拘小节"为由挂在嘴边，用以敷衍塞责。直到有一天，发现自己被忽略的小细节给毁了，才从自满的睡梦中惊醒过来。与其如此，倒不如将注重细节当成一种习惯，这样才不至于因一时的疏忽而耽误大事。

09 马蝇效应："驯服"自己的惰性基因

有些年轻人整天抱着得过且过的心态，浑浑噩噩地混日子，日益陷入颓废的境地，大好的光阴都被荒废了。有时候自己也痛恨这种状态，可是怎么也摆脱不了身上的惰性因子，不知道该怎样激活自己，遇到这种情况该怎么办呢？答案是时刻鞭策和激励自己。马在没有被蚊虫叮咬时，总是悠哉乐哉地缓步徐行，一路上走走停停，行进的速度比牛快不了多少，但一旦被马蝇叮咬，就再也不敢怠慢了，立即脚下生风，跑得飞快。这就是所谓的"马蝇效应。"马蝇效应告诉我们：一匹懒惰的马，如果受到了适当的压力和刺激，就会变得精神抖擞。人亦如此，没有压力就没有动力，没有破釜沉舟的决心，就不能振奋精神。

无论在工作和生活中，我们的身边都存在着各种各样的"马蝇"，我们之所以感受不到被叮咬的刺痛，是因为自己的感觉神经太过麻木了。在自然界中，一只翠鸟向下俯冲的速度只要慢了1秒，它就会铩羽而归，久而久之会因为捕不到鱼而活活饿死。同样一只鱼的反应速度只要比翠鸟慢了一秒，它就会成为猎食者的美餐。在非洲大草原上，每当新一天的太阳升起时，母狮都在教育自己的孩子：你必须跑得足够快才能生存，如果追不上最慢的羚羊，就没有食物可吃。母羚羊也在教育自己的孩子：如果你不能跑过最快的狮子，就将成为猎食者的食物。同样的道理，如果我们不够努力，不能成功驯服自己身上的懒惰基因，就会被竞争对手赶超，很有可能因此失去立足之地。

提起李嘉诚，人们首先想到的是他惊人的财富以及白手起家的传奇创业故事，却鲜有人知道他成功光环背后的辛酸。李嘉诚之所以能取得让人望尘莫及的成就，不是因为他天赋异禀，也不是因为他年少早慧、早早就立下了雄心壮志，而是他比别人更坚韧更顽强，也更有危机感，而这些都是残酷的生活和生命的重压赋予他的。

李嘉诚的少年时代只能用命途多舛来形容，14岁那年，战火蔓延到了他的家乡，一家人在逃难的过程中，父亲感染上了肺结核，苦苦撑了半年就离世了。经历了丧亲之痛的李嘉诚没有时间处理自己的悲伤情绪，因为他还要面对一个更现实的问题，那便是接过父亲的养家重担。他被迫辍学走上社会谋出路，先是寄居在舅父家，并在其开办的钟表公司当起了泡茶扫地的小学徒，工作十分辛苦，收入却非常微薄。

后来李嘉诚也染上了肺结核，他没有钱治疗，只能靠毅力对抗病魔。他告诫自己绝不能倒下，家人需要他，他必须振作起来好好工作。为了减轻病痛，他经常早早起来爬到山顶上呼吸新鲜空气，还想了很多方法增强体质。比如从事体育锻炼，帮厨师写家信以换取鱼杂汤，逼迫自己喝下腥味浓郁的汤水，为的是让自己的身体多吸收一些营养。在没有借助任何医疗手段的情况下，李嘉诚的肺结核不治而愈，这简直就是一个奇迹。

丧父之痛以及那段贫病交加的经历，让李嘉诚充分认识到了生活的残酷，此后他时时鞭策自己努力奋斗，22岁就走上了创业的道路，经过数十年的苦苦打拼，终于有了辉煌的事业，成为国内首屈一指的地产大鳄。

李嘉诚的故事告诉我们，生活中的马蝇确实是客观存在的，我们感觉不到痛痒，是因为没有意识到生活的残酷性。在人生的道路上，不只有明媚的阳光和芬芳的花朵，还有电闪雷鸣和狂风暴雨，压力无处不在，危机无处不在，如果我们不能成为飞奔疾驰的骏马，就永远无法拥有一片属于自己的草原，而在竞争中落败的马儿是没有好草可吃的。因此我们必须逼迫自己面对现实，以精神饱满的状态迎接每一天，如此才能保证不输给命运。

在没有经历危机时，我们认为世界是和谐的，生活是温煦的，然而却忽略了这样一个基本事实，即竞争和对抗是普遍存在的。在人类社会中，我们时刻面临着竞争的考验，如果心不在焉、掉以轻心，就会被生活狠狠地教训。无论是否愿意，我们都要与命运对抗和搏击，所以绝不能对生命中的"马蝇"视而不见。

10 竞争优势效应：人人都希望自己比别人强

哈佛大学曾流行一句话：幸福或许不排名次，但成功必排名次。可见，人人都爱争强好胜。为此，在心理学中有这样一种理念"竞争优势效应"，即指在双方有共同利益的时候，人们往往会优先选择竞争，而不是选择对双方都有利的"合作"。对此，社会心理学家认为，人们与生俱来就有一种竞争的天性，每个人都希望自己能比别人强，每个人都不能容忍自己的对手比自己强。因此，人们在面对各种利益冲突的时候，往往会选择竞争，即便是拼个两败俱伤也在所不惜。

有这样一个笑话：上帝曾向一个人许诺说："我可以帮你实现三个愿望，但是有一个条件：你在得到你所想要的东西的时候，你的邻居将得到你所得到的两倍之多。"

这个人答应了，他向上帝说出了自己的愿望：第一个愿望是得到一大笔财产，第二个愿望是得到一大笔财产，而第三个愿望却是"请你把我打个半死吧！"其实这句话的心理动机是，如果你把我打个半死，那么，邻居岂不是要被"完全"打死了？如果是这样，那么他从我身上赚到的"便宜"岂不是要付出生命的代价呢？虽然为此要被打个半死，但为了不要他人得到好处，也是非常值得的！

美国心理学家威廉·詹姆斯曾经做过这样一个实验：

他让参与实验的学生两人结成一组，但是不能商量，各自在纸上写下自己想得到的钱数。如果两个人的钱数之和刚好等于100或者小于100，那么，两个人就可以得到自己写在纸上的钱数；如果两个人的钱数之和大于100，比如说是120，那么，他们俩就要分别付给心理学家60元。

结果如何呢？几乎没有哪一组的学生写下的钱数之和小于100，当然他们就都得付钱。

这个实验表明：争强好胜是每个人的天性，每个人与生俱来都有竞争意识。但是，竞争意识的强弱，却决定你的内在推动力的大小。

无可否认，强烈的竞争意识，具有强大的动力功能，它能够极大地调动每个人的积极性、创造性，发挥想象力，使人的科学技术和潜能得到全面、充分的发挥，从而使整个企业的竞争能力得到全面地提高。所以，我们个人要想较快地发展，取得成功，必须要培养自己强烈的竞争意识。

只有正当的竞争，才能推动一个人和组织向良性的方向发展，所以，我们在培养自我竞争意识的过程中，也要明白，竞争不应该是狭隘的、自私的，竞争者应该具有十分广阔的胸怀。竞争不应该是阴险、狡诈、暗中算计人的，而应是齐头并进，以实力超越；竞争不排除协作，没有良好的协作精神和集体信念，单枪匹马的强者是孤独的，也不容易取得真正的成功。要树立正确的竞争意识，首要的一点，就是要懂得培养你的竞争对手，同时也要学会向其学习，吸取他们的长处，学会欣赏和理解他们，并对其心存感恩。

真正激励一个人不断成功的，不是鲜花和掌声，不是亲朋的赞美，而是那些可以置人于绝路的打击和挫折，还有那些一直想把你打败的对手以及虎视眈眈的同行。这也正如一位哲人所说，任何的学习，都比不上一个人在与敌人较量的时候学的迅速、深刻和持久，因为它能使人更为深入地了解社会，接触社会现实，使个人得到提升与锻炼，从而为自己铺就一条成功之路。所以，从一定程度上来说，我们还要去感激你的那些对手、敌人，正是因为他们，才加速了自己成功的步伐。如果你能以一颗宽容、感激的心态去对待你的敌人，那么，你将不再悲观消极，面对失败、挫折、苦难也不会掩面而泣，你也会成为一个无往而不胜的勇士。

11 韦特莱法则：要有惊人之举，先要有超人之想

在当代社会，许多年轻人初出茅庐就梦想着一步登天，恨不得马上一鸣惊人，这显然是不现实的。事实上，人与人之间的智商差距很小，在能力和才华方面又未必存在鸿沟般的差距，要出人头地并没有那么简单。美国管理学家韦特莱指出，成功的秘诀在于努力去做大多数人不愿意做的事，先要有超人之想，然后才能有惊人之举，唯有不落俗套，才能一鸣惊人，这就是著名的"韦特莱法则"。

在现实生活中，因为遵循韦特莱法则而获得成功的人是很多的，比如下岗女工从开办粥铺做起，进而拥有了遍布全国的连锁店，再比如刚刚毕业的大学生从收购废品做起，后来创办了大型废品收购公司。日本首相麻生太郎内阁大臣野田圣子年轻时做过洗马桶的工作，为了证明马桶的清洁程度，还曾经从马桶里舀起一杯水毫不犹豫地一饮而尽。

阿里巴巴的创始人马云曾经不无感慨地说：当今世界上，要做我做得到而别人做不到的事，或者我做得比别人好的事情，我觉得太难了。因为技术已经很透明了，你做得到，别人也不难做到。但是现在选择别人不愿意做、别人看不起的事，我觉得还是有戏的，这是我这么多年来的一个经验。那些各大领域的领军人物，未必有高文凭，也未必有光鲜的履历，能力也可能不是最强的，智商也不是最高的，他们能达到别人难以企及的高度，成就一番事业，其中一个非常重要的原因就是他们能把别人不愿意做的事情做好。做好别人不屑一顾的事情，干好别人望而却步的工作，即便是在最没有前途的岗位上也会闪光的，因为能做到这点的人本身就是凤毛麟角的。

艾伦·纽哈斯的祖父是南达科他州的一个农场主，9岁那年，他在祖父的农场里得到了第一份工作——徒手捡牛粪饼。这份工作又脏又累，大多数孩子都不肯做，艾伦·纽哈斯却干得特别起劲，每天都做得格外认真。

过了一段时间，祖母到学校接他，很开心地告诉他由于他在上一份工作中表现出色，祖父决定把更重要的工作交给他做，以后他再也不用捡脏乎乎的牛粪饼了，可以到农场带着马匹放牧了。听到这个消息，艾伦·纽哈斯感到喜出望外，放牧的确比捡牛粪饼有趣多了，也轻松多了，想起暑假自己将跟一望无际的草原和漂亮的马儿为伴，他开心极了，这是第一次由于工作表现好而获得提升，这意味着他的努力得到了认可，这次的经历对他来讲意义重大。

后来艾伦·纽哈斯又在肉铺工作，每个星期的报酬仅为1美元，这份工作比徒手捡牛粪好不了多少，依旧让人感到十分恶心。然而艾伦·纽哈斯并没有因此放弃这份工作，他的想法很简单，只要把工作做得足够好，就一定能得到提升的机会，到时候他就可以远离这份工作了。接下来的日子里，他依旧坚持做这份工作，没过多久果然得到了晋升。凭借着同样的信念，他一路晋升，先是成为了周薪为50美元的记者，最后成为了著名的专栏作家和年薪高达150万美元的首席执行官。

回顾过往经历时，艾伦·纽哈斯十分感慨地说：如果你从事的是一项让你恶心的工作，只要认真做下去，尽量把它干好，就很有希望得到提升，以后就再也不用去做自己不喜欢的事了，这比什么都不肯干混日子强多了。

很多人认为出名要趁早，成功要趁早，晚一步就成为被后浪推向沙滩的前浪，可是在现实生活中，真正能少年得志的人是很少的，鲜有人能一步达到光辉的顶点，想要马上就能获得理想的工作，在最短的时间内实现自己的人生理想几乎是不可能的。你只有今天愿意低下头来做别人不愿意做的事，明天才能有更多的选择，未来才有可能做成别人做不到的事。

要想做出惊人之举，必须先有踏实肯干的态度，人人都趋之若鹜竞相争抢的东西，我们未必能争取到，但是别人不理会的东西倒有可能转化为可供我们利用的资源。当你年轻气盛时，最好不要好高骛远，与其立志要摘下满天繁星，不如在斑斓的星辉下踏踏实实赶路。

12 自制力定律：人一旦失去了自制力，便容易误入歧途

要改变自己的不良习惯，最主要要靠自制力。自制力即指人们能够自觉地控制自己的情绪和行为。既善于激励自己勇敢去执行采取的决定，又善于抑制那些不符合既定目的的愿望、动机、行为和情绪。自制力的强弱

是判断一个人内心是否强大的重要标志。自制力是指一个人在意志行动中善于控制自己的情绪，约束自己的言行的一种品质。

一头狼为了捕到羚羊，常常可以连续几天潜伏在冰天雪地里的沼泽地旁，它是那样顽强而有耐心，慢慢地毫无声息地贴在地上接近羚羊。当羚羊无意跑开，狼就会用舌头舔一下嘴唇，失望地退回原处等候着。为了填饱饥饿的肚子，狼可以这样往返几十次。连续几天几夜，直到羚羊因为疏忽终于被它逮住为止。

这只狼就极为善于控制自己的行为。实际上，这只是狼在漫长的进化过程中逐步形成的一种猎获食物的本能。如果说，连动物有时候为了达到某种目的而控制自己的行为，对于有思想有情感的人来说，更应该要善于驾驭自己的行为和情感才对！

生活中，有的人自制力极差，特别爱冲动。心理学上指出，冲动是一个人在理性不完整时候的心理状态与随之而来的一系列的恶性行为，打架斗殴、杀人放火都是在自制力不强的情况下发行的。大多数成功者都能够极好地控制好自己的情绪和行为。这时，它们的行为和情绪已经不仅仅是一种身体本能的表达，更是一种生存的智慧。如果你难以控制住自己的情绪，随心所欲，便可能带来一系列的灾难。如果你自身的情绪控制得好，则可以帮你化险为夷，甚至可以让你事业腾飞，使你的人生平步青云。

心理学上指出，一个人的自制力受自我的认识水平与动机水平的影响。一个干大事的动机较为强烈，人生目标较为远大的人，会自觉地抵制住各种各样的诱惑，摆脱各种消极情绪的影响。无论他考虑任何问题，都会着眼于事业的进取和长远的目标，从而获得一种控制自己的动力。

维特斯·迈克是一家知名保险公司的经理人，他一生获得的奖牌堆积如山，取得的战绩也极为显赫，这与他"自制"的习惯有着极大的关系。

其实，维特斯在刚开始做保险时，也曾遭受了千万次的羞辱，但是无论别人如何对他，他总是能保持镇定，不急不躁，以笑脸相迎。正是他的这种乐观、积极的人生态度，让他赢得了众多客户的青睐。

在一次记者会上，他说："在几年前的一天，我在一家证券所门口，发现一位穿黑大衣的中年人。心想这位'大哥'应该用得着医疗意外保险。于是，就决定在门口等他。"

"快到中午的时候，那位黑衣大哥果然缓步下楼，我立刻前去递名片，问道：'你要保险吗？'那个人则顺手拿起名片，将嘴里的槟榔渣吐在上面，随手一撕丢在地上，顺便附上一句骂人的脏话。我当有些气愤，只好默默地走开。没有与对方争执，这样安慰自己道：'拿我名片的人将来肯定会有福气的。'"

迈克称自己的脾气其实并不好，之所以能承受数以万计的白眼、怒骂与轻视的主要原因，是因为他认定自己从事的是爱心传递工作。他的父母晚年经常卧病，医疗费几乎拖垮全家，他不能让别人也承受这样的痛苦。秉持工作的理念与执着，每当负面情绪涌上心头，他就不断地告诉自己："放下。"

维特斯事业的成功和生活的快乐，无不与他的自制习惯有着密切的关系。美国的情绪管理专家帕德斯指出，平时锻炼自己控制情绪的能力，养成自制的习惯，将对你的生活质量和事业腾飞有着十分积极的促进作用。可以说，自制力是决定一个人能否成功的关键因素，那么，你该如何培养自制力呢？

首先，要培养自制力，就要培养毫不含糊的坚定和顽强意志。无论什么事情，只要意识它不对或不好，就要坚决地克制，绝不让步与迁就。

其次，对已经做出的决定，要坚定不移地付诸行动，绝不轻言改变和放弃。如果执行决定中半途而废，就会严重地削弱自己的自制力。

再次，就是在受到不好的刺激时，可以先转移注意力，或者干点别的。

第三章

浮夸行为之下，
不为人知的心理真相

心理学家指出，一个人如若长期得不到太多人的重视，就会做出一些浮夸的动作或行为来吸引人的眼球，或来掩饰内心的不安。比如，一个自卑的主人公，总会做一些浮夸的行为来吸引人群，以证明自己的存在感。本章选取了生活中最常见的浮夸行为，深入地分析了这些行为背后的隐秘心理，读懂他人的真实意图，窥探人际关系的秘密。

01 墨镜装出的不只是酷，更掩盖了脆弱与无助

许多人平日出行时，都喜欢佩戴墨镜，以此显得与众不同，格外有范儿。但有时候，戴墨镜不仅是为了给人以深刻印象，而是为了以表面上的强势，来掩盖自己内心的脆弱与无助。

眼睛是心灵的窗口，但现实中有很多人并不希望自己被人一眼看穿，因为他们其实更加羞于、畏于与人对视。但在日常的交流中，忽略对方的眼神显然又是一种失礼，而墨镜正好能在这样的场合下发挥作用。在佩戴墨镜的情况下，我们可以有效地"切断"对方的眼光，以此使我们看起来更为高深莫测，同时自己却可以抓住对方的眼神，进而判断对方的心理，掌握对方的想法。这样一来，我们就可以在交流或谈判中，掌握主动和优势，同时又能进一步凸显自己的强势。所以说，隐藏在墨镜之下的，往往并不是酷和强硬的态度，而是一颗脆弱而充满自卑、无助的内心。一部分人之所以故作此类打扮，也只是为了避免在交流时被先声夺人，被对方压服自己。

与白色相反，黑色是一种没有任何可见光进入视觉范围的色彩，从心理的角度而言，它本身就意味着神秘、庄重与典雅。尽管看起来并不鲜亮，黑色在现实当中，往往却是十分引人注意的色彩。当我们走在路上，经常会被戴墨镜的人所吸引，被他们无形的气度所折服，这就是黑色带给旁人的心理"压迫"。此外，如灰色、绿色、棕色、黄色等颜色，也一样能够起到这一效果。

不仅如此，墨镜的浓重色彩，还能够带给佩戴者居高临下的气势，塑造出一种鹤立鸡群的个人形象。除了神秘、庄重等正面的心理暗示外，墨

镜往往还能带给人以强势和威严的感觉，对于性格强势、居于高位，或是喜好张扬、标榜自己的群体而言，墨镜实在是一件举足轻重的道具。

但是，如果我们仅仅把墨镜看作是强势的象征，就很容易被人利用这一点来攻破心理防线。真正的强势之人，其实并不屑于借助外物来表现自己的气度，也可以成功地主导全局。因此在现实中，墨镜往往并非强者所属，而是那些弱势的聪明人的工具。

王华大学毕业之后，进入一家公司做采访工作。早在校园里时，他的性格就颇为内敛，等到走入社会之后，与人交流更是成为他明显的短板。在平时的工作中遇到被访者，如果是那些看着和蔼可亲且健谈的，王华还能顺利完成任务，一旦遇到那些一脸严肃冷漠，或是戴着墨镜看起来就拒人于千里之外的人，他就嚅嗫着不知如何开口了。

在反复遇到好几次这样的人之后，王华对自己已经开始产生质疑，最后干脆向领导主动请求更换工作。当领导问他原因为何后，他主动讲明了自己的困境，并对此十分懊恼。听完他的解释后，领导哈哈大笑着说："小王啊，像你这样刚刚步入社会的人啊，身上最容易出现的问题，就是不够自信。其实很多时候并不是你缺乏能力，只是在心态上，你们这些新人实在需要好好调整啊！"

听了这番话后，王华一脸疑惑和不解，领导见状于是又语重心长地说道："小王啊，你有没有想到过，你所接触的人，其实并不像你所认为的那样，只是你被他们的表现给欺骗了。就拿你所说的那些看似冷漠的人吧，别看他们一脸不近人情，实际上他们往往比你还要'矜持'许多。只是为了保持所谓的风度，他们才会故意做出那样的姿态。我最初从事同样工作的时候，也都被这些人唬得不轻，但后来才发现，越是这些一本正经，或是戴着墨镜高深莫测的人，心里往往越虚。面对这些人的时候，你必须得端正心态。"

"您说的这个道理我懂，但具体要怎么和他们打交道呢?"王华听了后仔细一琢磨，发现确实像是这样一回事，但还是有些没底气。

领导笑了笑："和这些人打交道啊，无论如何都不能被他们给'镇住'，就算看不到他们的眼神，也依然要盯着他们的眼睛，或者盯住他们鼻子的中上方也行，反正就是要尽量制造对视的样子。如果他们表现得浑然不在意，那你就更要不露声色、不紧不慢。这样一来，谈话氛围也会向有利于你的方向转变，你也可以感觉到轻松了。当然，具体的谈话技巧也是需要的，这个就需要你自己慢慢去把握了。"听完这一席话，王华点头表示认可。

从此之后，在每次工作中，王华都会按照领导的教导去做，效果的确十分显著。而且他发现，虽然也有一部分人是真的不好沟通，但也有不少人确实就是"纸老虎"。看透了这一真相后，王华的工作变得顺利了许多。

越是和高冷的人进行交流，就越是不能心怀畏惧、输了气场，否则就真是一败涂地了；何况那些看起来高冷的人，其实往往也是面冷心热、面恶心善。退一步来说，即便到最后发现对方是真的冷漠不近人情，不卑不亢的姿态也可以使自己挽回几分颜面。

除此之外，我们也完全可以意识到一个问题：墨镜并非适用于任何场合。墨镜带给人的心理压迫，很容易营造出高冷、疏离、淡漠甚至是生畏的气氛，对于熟人或有孩子在的场合，显然会造成一定的尴尬。所以，如果是想走心地交流，或者让别人敞开心扉，那么我们不妨摘下墨镜，这样更能展现出自己的友善与温情。

02 女人"浓妆艳抹"背后的隐秘心绪

新时代的爱美女性，经常自我标榜是"化妆美给自己看，与男人无关"，但也有一句俗话说得好：女为悦己者容。事实上，大部分女性都不会把化妆仅仅看作是取悦自己的行为，因为在她们的内心深处，还隐藏着许多的小心思。

在一些特定的场合内，我们经常会看到一些浓妆艳抹，甚至到了浮夸、惊悚地步的妆容，多数情况下，人们对此都很难理解，甚至将女性的这种夸张做法，视为不庄重、不矜持，但真实的情况却是，在这些看似精致、浮夸的妆容之下，往往藏着一颗脆弱、寂寞的心。

通常来说，浓妆艳抹的女性主要有以下五种隐秘心绪：

渴望关注

爱美是女人的天性，爱慕虚荣亦然。比起男人，女性对旁人的关注表现得更加在意，因为在她们看来，这就意味着自己得到认可，是一种极大的满足。比起用其他动作或语言来展示自己的风采，脸蛋无疑是最为直观的说明，这也是为什么女性更热衷于化妆打扮的原因之一。

有句话叫作"同行是冤家"，对于这类渴望获得关注的女性而言，与自己一样喜好打扮的女性，更是强大的竞争对手。很多时候，朴素淡雅的妆容美则美矣，却完全无法在汹涌的人流中独树一帜，成功吸引到旁人的目光。为此，一些大胆的女性便会选择"另辟蹊径"，用更加浓重的妆容来凸显自己。

弥补过往

自古美人叹迟暮，唯恨人间见白头。对于女性（尤其是容貌漂亮的女性）而言，最大的敌人往往不是别人，也不是自己，而是最为冷酷无情、也最无法抗拒的时光流逝。

限于当时的生活条件，许多女人在年轻美丽时没能好好打扮，展示自我的魅力；等到她们的年龄优势不再，再看着身边那些青春洋溢、美丽漂亮的女孩儿，心中就会涌出失落或忌妒的情绪。为了挽回自己的"尊严"，这部分女性自然而然会打开化妆盒，以各种色彩来填补自己内心的失落，这也是一些女性虽然年近50，却总是妆容艳丽甚至衣着暴露的原因。

缺乏自信

对于男性而言，这是一个漂亮女孩子很多的养眼世界，但对于女孩子来说，这却足以令她们"惶恐"。面对同样妆容美丽、气质优雅的姑娘，一些缺乏自信的女孩子更容易产生失望、自卑的情绪。为了找回自己的自信，她们往往会加大力度来打扮自己。

但内心越是浮躁，这些女孩子就越是会对自己的妆容产生怀疑、不满，表现得更加激进。这也是当今生活中，许多女孩的妆容愈发"离经叛道"的原因。但想要消除这份不自信，归根结底只能靠相信自己，而不是借助于化妆品一类的外物。

打发时间

有这么一句歌词："我负责挣钱养家，你负责貌美如花"。这句话也在某种程度上，解读了女性喜欢打扮自己的原因。

现实当中，有许多女性依旧扮演着传统的家庭主妇这一角色，对于她

64

们而言，家庭事务虽然琐碎，却也留有相对充足的空余时光。丈夫外出上班、孩子入学读书，一个人的日子里总是会显得十分冷清。这个时候，化妆往往既能满足自己爱美的天性，又能打发无聊的时光，可谓一举两得。也正是因为有着大把的时光，这些女性才能够无所顾忌地进行各种尝试，这样一来，下班或放学回家的丈夫孩子，有时就难免看到一张"惊悚"的面孔了。

盲目攀比

所谓攀比，是指个体发现自身与参照个体发生偏差时，内心产生负面情绪的心理过程，在心理学上被看作是一种中性略偏阴性的心理特征。比起男性，女性的攀比心理表现得更加激烈一些。

即便是在关系比较亲密的女性群体中，暗暗较劲的攀比心理也依旧存在，甚至比面对路人时更加明显。这是因为关系相近的女性之间，往往有着更多的共性，这就在无形中使她们产生更多被尊重的渴望，进而引发一些极端行为。

日常生活中，许多女性会不顾自己的实际情况，依照好友的标准去装饰自己，丝毫不肯落于人后。在这种心态的驱使下，原本只是出于爱美天性的化妆，也就逐渐变得"失控"了。

除此之外，还有一些出于工作或其他需要，而不得不化的浓妆，这些就不在论述之列了。当女性把自己打扮得"与众不同"时，许多男性都会下意识地认为她们不自爱、不庄重，甚至给她们贴上虚荣、放荡的标签，然而事实真是如此吗？

孟瑞祥与张丽坤坠入爱河已有 6 年，但随着两人毕业后参加工作，之前的种种亲密恩爱，也逐渐被繁忙的工作冲淡。不知从何时开始，每当两人好不容易挤出时间，一起外出逛街时，张丽坤都会为自己画上精致的妆容，为此还经常要孟瑞祥一等就是半天。

女人爱美本是天性，打扮得漂漂亮亮也无可厚非，起码一起逛街的时候还能给自己长脸，因此孟瑞祥一开始并没有太在意。然而后来他却发现，张丽坤的打扮愈发艳丽，有时候甚至发展到了浓妆艳抹的地步。每次两人逛街，路人们的目光也由一开始的发亮、歆羡，转变为惊异、玩味，有些人还会在擦肩而过后窃窃私语，说一声"开放"或是更加不堪的词汇。

孟瑞祥对此听在耳中，感到十分不是滋味，但他又知道自己的女友，绝不是那种作风随便的人。在他的一再追问下，张丽坤这才扭扭捏捏地做出了回答。原来，最近孟瑞祥一味忙于工作，因此对她有些疏远、而张丽坤虽然有些小小的不开心，却不好意思明说，只得跟自己的脸"赌气"。得知真相之后，啼笑皆非的孟瑞祥只好搂着张丽坤，好好地哄了她一番，这才使她放弃了各种花哨的装扮。

很多人都会以妆容来评价一位女性的品性，在他们看来，打扮艳丽的女性必然外向、奔放，甚至是放荡，而妆容淡雅的女性则是内向、矜持的。美国有一位心理学家费舍里，对这种想当然的看法进行了彻底的否定。他指出，越是性格内向、不善交际而又缺乏安全感的女子，就越是倾向于通过浓妆艳抹来掩饰自己，以此增加信心，或借此来为自己与大众划下一道分界线。甚至就生活作风而论，这些女孩子有时还会更加偏向于保守。对于这部分沉迷浓妆、无法自拔的女性，我们更需要抛开成见，用友好的态度去接纳、包容她们。

03 在扶梯上仍行色匆匆，是何种心理在作祟

在大城市生活的上班族，很少有不匆忙赶路的，行走在地铁里，我们经常可以看到在电动扶梯上，还要匆匆走动的人群。但在这些人中，只有一小部分是因为时间紧迫而不得不这么做，大多数是那些明明不会迟到，却还是忍不住在电梯上"飞奔"的人。之所以这样，是因为他们内心的竞争意识在作祟。

这一类人往往生性冲动、沉不住气，内心比别人更加敏感，厌恶压力。地铁或商场里的一些电动扶梯，总是会直接通向很高的出入口，这就意味着这些人必须看着眼前的一长列人头，耐着性子一级级地升到终点。这很显然是一种缓慢的煎熬。正是由于无法忍受这份压抑，他们才会忍不住从扶梯左侧进行快速突破，哪怕此刻自己并没有任何紧急事情。

如果说这类人属于自找不痛快，那么，还有一类人就完全是由于精力太过旺盛。这些人往往竞争意识过强，不仅在重要的学习工作中要与人争个高下，在其他方面也绝不容许自己落于人后，对于乘坐扶梯也如此。

其实，扶梯的运行并不算快，甚至不如直接走另一侧的楼梯，但这些人仍然不会选择楼梯。行走在扶梯左侧时，这些人能够十分直观地超过右侧站着不动的人，这样一来更能烘托出他们的快速，带给他们"我比所有人都要快"的心理暗示。显然，这是在人来人往的楼梯上行走所无法表现出来的。许多站在左侧不动的人都会招来身后人的声讨，原因也很简单：因为他们阻碍了对方的"进步"。在生活和工作中，这些人也总是以不服输、爱较真儿者居多。

还有一类人表现得比较"懒散"，不会再扶梯上来回走动，但与此同时他们也不遵守让路的规则，经常歪歪斜斜地随意站着。有时他们甚至会

站到最中央的位置，给旁人造成"左右为难"的困扰。这一类人也有一个特点，就是不喜欢被别人指挥或束缚。在他们看来，按照自己的意愿一意孤行，才是最理想的情况。

由于竞争意识过强、过分强调个人感受，这两类人很容易演变为只顾及自己感受、漠视朋友和同事的自我中心主义者。即便在工作学习中热情高涨，这些人也很容易变成处处争先、独断专行、不顾及团队的"刺儿头"，这令所有人都十分不满。其实，这一类人并非完全是团队的"害群之马"，只是需要旁人的包容并学会自我改变。

张少强自从在北京一所大学毕业后，就进入一家公司工作。北京本来就是一个生活节奏很快的大都市，再加上他的住处距离公司较远，公司内部管理又十分严格，张少强逐渐也养成了分秒必争的习惯。每天早上，他都是合租屋里最先抢入卫生间的人，只为不耽误自己洗漱；上班的途中，他也总是在扶梯左侧匆匆飞奔的人流中的一员。

其实，经过一段时间之后，张少强已经摸准了每天上班的大致时间，根本不会出现迟到被扣工资的情况，但每当他听到起床铃声，却还是无法"控制"自己。不仅如此，到了公司之后，他也总是抢着签到、抢着进门、抢着打饭，表现得一点也不愿落于人后。尽管这些并没有给同事造成太大困扰，但时间一长之后，公司里的人也总是不由得要翻起白眼，私下调侃几句"赶着投胎"之类的话。

有一次，公司给张少强所在的团队，分配了一项重要工作，当时就有几位同事偷偷捏了一把汗。果然，等到开始分工协作后，张少强很快就出现各种问题。由于自己好胜心强，张少强总是不重质量而追求速度，即便同事私下劝他，他也并没有完全听取。尽管自己也曾略微放慢步调，同事们依旧无法完全跟得上自己；等到完工之后，最终成果又因自己的那部分质量问题而无法通过，不得不返给团队再次修整。

眼瞅着耗费近1个月时间的劳动成果被打回，许多同事自然十分不满，张少强也感到十分不好意思。为此，团队的小组长特意找到了他，对他进行了一番安慰和批评。组长对张少强说："小张啊，其实，大家都知道你对工作上心，并不是有意想要搞砸什么，只是你现在的问题，并不是不够成熟，而是太过冒进。你的优点大家有目共睹，只是仍然缺乏经验，何况也并不是所有人都能像你一样快速。身在一个团队就需要讲求协作，这才是你接下来需要思考的问题。"张少强认真地点了点头。

在以后工作中，组长和其余同事们只要察觉到张少强有"发飙"征兆，就会主动地要他放慢步调；张少强也开始学着克制不必要的争先念头。经过几年的磨砺，张少强逐渐从职场小白，转变为一名沉稳的老员工。此后，他有时依然会抢先洗漱、赶着上扶梯，但已经慢慢学会了在工作中与人保持协调一致。

通常而言，在扶梯上匆匆赶路的人固执于自己的步调，站在右侧的人则善于为别人考虑，但这种情况也并非绝对。说到底，每个人才是自己内心的真正主宰，不论是哪一类人，只有减少不必要的较真儿，一心一意地参加学习、工作，才是通往优秀的最佳渠道。

04 "挑剔型个性"背后隐藏的心理真相

在生活和工作中，凡事斤斤计较的磨叽人士，总是令人避之唯恐不及，这一类人有一个最明显的表现，就是过于挑剔。任何一件在别人看来无足轻重或足够满意的结果，都能引发他们的庞大怨念；甚至在事关别人利益之时，他们还是绝不轻易罢休。

这种"挑剔型个性"背后的心理真相，其实就是我们经常听到的完美

69

主义倾向，只是这种追求完美的态度，却又是建立在一个荒诞的基础上。首先，世界上本来就不存在什么真正完美无缺的人或事，反倒是些许无关痛痒的小瑕疵，使得我们存身的世界看起来更加真实。其次，对完美有着超乎寻常执念的人，本身也并不相信完美的存在，更加讽刺的是，这种早已说明一切真相的潜意识，反而又促使他们更加渴求完美。于是，缘木求鱼的完美主义者，常常就像是《庄子·渔父篇》中那个为了躲避影子而拼命奔跑的人一样，最终徒劳无功。

在工作中，完美主义者由于其苛求、认真的态度，通常更适合扮演引领众人的角色，但这并不意味着完美主义者就无懈可击。现实生活中当中，许多完美主义者都会因追求完美，而对身边人极尽苛刻，迫使他们必须按照自己的做法去实施一切。此外，因挑剔而不断做出选择、指令的做法，也在一定程度上说明他们内心并不成熟，缺乏全面考虑，这些都会为实际生活带来不小的困扰。

刘兴睿与王可可因一次邂逅而结缘，彼此都对对方一见钟情，但随着相处时间的增加，两人却很快就产生了种种矛盾，最终选择了分开。

王可可为人心肠不坏，只是凡事都十分喜欢较真儿，即使是对自己身边的人，也都表现得十分苛刻。看多了《一个男人如果爱你，就会XXX》一类营销文的刘兴睿，在日常生活中也始终秉持着"温柔至上"的原则，凡事总会顺着王可可的意见，但他这样的做法反而引起了王可可的不满。在她看来，作为男人就要有所担当，像刘兴睿这样凡事唯唯诺诺的男生，显然不够大气。

受到批评之后，刘兴睿便开始依据王可可平日的喜好，自行安排周末时的出行计划，但这样的做法反而又使得王可可不满，认为他过于自我，一点也不体贴她。有时刘兴睿加以解释，就会被她指责为不够体贴、不够宠爱；但如果刘兴睿承认错误，又会被她看作是"不够男人"。

如此相处了近 2 年后，刘兴睿终于彻底失去了耐心，此时王可可又哭又闹着指责他虚情假意、不够真心。对此，刘兴睿没有勃然大怒，也没有反唇相讥，只是苦笑着提出了分手。原本有着诗意般相逢的人，就此彻底分道扬镳，令许多人唏嘘不已。

我们经常会用"挺作的"一语来形容一部分人，这些人就带有一定的完美主义倾向。事实上，这一类人对所谓的"完美"，往往缺乏明确的认识，只是下意识地将自己所接触到的一切，都急匆匆地否定罢了。在他们看来，身边的一切事物都和完美离了十万八千里，因此，他们才会不停地挑刺找碴。

生活当中也有一些人，越是面对自己爱的人，就表现得越发挑剔，尤以女性居多。除了"做作""公主病"以外，这其中还蕴含着其他的道理。

在男女交往中，"以稀为贵"的女性在婚恋市场上地位更高，这就容易使她们滋生高傲的心理，成为主导一方。此外，女性在繁衍子嗣的过程中，本就处于弱势地位，这也使得她们内心趋向于寻求更加完美的配偶（某种程度上也解释了"物质是女人的天性"这一观点）。

这样看来，人类的这种心理也并非不可理喻，只是如果想要追求幸福，就必须学会允许自己或爱人做不到一些事，并接受这一并不完美的结果。表面上看，我们似乎都失去了一些，但这样却能使我们更加接近幸福。

除了对完美近乎不切实际的奢求外，挑剔往往还源自于自卑或忌妒这两种情绪。当然，完美主义者本身存在的认知矛盾，也很容易使他们因不满现状而生出自卑、忌妒的情绪。在这种情绪的作用下，他们也会表现得十分挑剔。

在自卑和忌妒心理的蛊惑下，这一类人尽管心中毫无底气，却还是要装出一副强硬的面孔，如果身边的人在某些方面超过了自己，他们就更是会妒火中烧。为了挽回所谓的颜面，安抚自己脆弱的心灵，他们自然而然就会四处挑刺，竭力寻找对方的不足，给外人留下苛刻、刻薄的印象。说到底，这是一种对自身感到无力的愤怒，只是这种怒火往往却烧向了别人。

李功成大学毕业后返回家乡小县城，在父母的安排下有了一份轻松的工作。年轻气盛的李功成却不愿这样安逸，于是又辞职前往大城市寻找工作。

由于自己本就是学管理出身，李功成最初看中了一家公司的见习管理岗位，但等到他前去面试时，才被告知这一岗位已经招满。但同时面试官也告知他：如果留下来，就从最低岗位干起，也有可能逐渐升至管理层，只是期间还要经过好几个阶段。

出于对工作的渴求，李功成答应从最基层干起，然而他的心里却始终有个结打不开。由于工作繁忙、薪资较低，他也变得愈发愤愤不平。在入职后的第一批升职员工中，与他一同入职的两位同事均被提升，对此李功成又嫉又愧，气呼呼地向上司提出了辞职报告。

李功成认为，自己毕业于名牌大学，所学又正好符合管理岗位需要，现在的种种杂务对自己而言，根本就是大材小用。不仅如此，他的几位同事要么从不肯加班、要么对工作中存在很多问题反应较慢，却都比他更早升职，公司显然是处事不公。对此上司却解释说，这几位同事虽然存在一些小问题，但却都对工作比较负责，不加班却能高效完成业绩，反应慢但却对客户热情，比起看似整天忙碌的他，明显高出了许多。这也是公司最终没有选择他的原因。

听了上司的话后，李功成当即哑口无言。其实对于上司的解释，他自己心里并非全然没数儿；至于对同事的挑剔之辞，说到底也不过是出于对他们的忌妒，还有对自己业绩平平的惭愧罢了。

因自卑、忌妒而变得挑剔的一类人，内心虽然不甘心于现状，却又无力做出改变，很难说服自己采取积极果断的行动。相比之下，把责任、问题归咎于他人，更容易使自己实现心理平衡，获得内心的安慰。但这种做法虽然能够暂时缓解焦虑情绪，对自己的进步发展却毫无裨益，因此最好加以摒弃。

05 满身名牌，虚荣背后隐藏的可悲心理

走在路上，我们经常可以看到穿着一身名牌、手持最新款手机的青年男女，仿佛行走着的奢侈品展示架。但这些极尽奢华的潮流人士，却极有可能是和我们一样家世背景平平的普通人而已。

这一类打肿脸充胖子式的做法，显然不是什么一种时尚和自信，反而折射出他们可悲的虚荣心理。很多时候，他们只是为了让自己与他人保持一致，才会在穿着上讲究个性，但看似颇有个性的他们在日常生活当中，往往又是最没有个性的一类，因此才需要借助种种外物来彰显自己，与戴着墨镜装酷的人颇有类似之处。

比起戴着墨镜隔离别人的孤僻人士，追赶时尚的人往往更倾向于融入大众，这也是两者在心态上的不同之处。这样看来，喜欢时尚、追求与潮流一致的人，其实反而有着更高的团队协作觉悟。这一类人在日常生活当中，又往往会为了融入所谓的群体而委屈自己，迫使自己与团队协调一致，这就是心理学上所说的同调行为。

同调行为的背后，往往蕴藏着恐惧和自卑心理。在这些人看来，在群体当中标新立异，会显得自己格格不入，导致自己被视为异类而不被接纳。所以他们才会力求与周围人保持一致，尽管这样反而显得没有个性。或许这就是所谓的"没个性就是最大的个性"。不仅如此，这一类人也最是缺乏独立性，在生活中往往要依附于他人。

如果依附群体就能过得安心，倒也并不是一件坏事，但遗憾的是，这种盲目跟风本就是缺乏理性的表现，结果自然无法尽如人意。许多人为此付出了高昂代价，但最终却拖累了自己和家人。

　　王淼与刘珊珊在大学时开始恋爱，毕业之后顺理成章地走到了一起。正处于工作打拼期间的两人虽然生活水平一般，但却十分和谐快乐，两人也并未对现状有太多不满。然而这一切都在一次同学聚会后，悄然发生了改变。

　　2015年时，刘珊珊参加了一次高中同学聚会，去的时候还十分开心，回来之后表情却是一脸沮丧。原来，在聚会上见到了许久不见的高中闺蜜，交谈之后，刘珊珊才发现她们要么嫁给了家境优越的丈夫，要么凭借着优越的家境，都享受着物质条件很高的生活。相比之下，她和王淼虽然也在双方父母帮助下买了房，但却仅仅是两室一厅的普通屋子，远不能和她的闺蜜们相比。再看着闺蜜们身穿的华丽服饰，挎着的名牌皮包，用着的名贵化妆品，她的心里蓦然涌现出一股怨气。

　　一开始，王淼并没有在意，但不久后他就发现，原本活泼开朗的妻子，突然间很少再笑了。不仅如此，她还开始一改往日的生活作风，动辄购买一些价格高到让自己看了都心痛的奢侈品牌。直到后来偶然间见到她的几位闺蜜，看到她们那一身时尚的打扮，王淼这才明白是怎么一回事。

　　对于妻子的想法，王淼倒也不是不能理解，但眼瞅着妻子完全不顾自身经济实力的疯狂攀比，他又觉得不能不进行劝阻。然而他万万没有想到的是，当他委婉地进行劝说时，刘珊珊反而像是憋了很久似的突然爆发，指责王淼不够上进，不够体谅自己。说到激动处，刘珊珊甚至哭着嚷着要离婚。见到妻子这样，王淼愈发感到苦恼了。

　　在法国著名作家莫泊桑的作品《项链》中，讲到了小公务员的妻子玛蒂尔德贪图虚荣，为了不输给所谓的上流社会而借取钻石项链，弄丢之后又不得不打工十年赔偿的故事。这显然也是因攀比而造成的悲剧之一。

　　除此之外，跟风攀比又是一种走捷径的偷懒心理在作祟。通过努力来获取成功的人，大多信奉"一分耕耘，一分收获"的道理，愿意一步一个脚印踏实地走，但有一些生性懒惰的人却不愿吃这份苦头。然而他们往往又迫不及待想要获得别人的关注和认可，所以只好频繁地刷信用卡，直至自己满身奢华却负债累累。

对于这部分人来说，通过学习、工作来走向成功，不仅过程艰辛，结果也不能充分保证，远不如做好面子工程来得快。"金玉其外、败絮其中"，指的就是这一类人。在他们看来，只要自己穿上名牌、修饰自己的外表，就能轻易实现自己的最终目标，满足自己向别人炫耀的心理。在他们的满身名牌之下，其实隐藏着深深的自卑；这种借助外在来获取别人认可的做法，在心理学上被称为间接性自我展示。

通过这样的自我展示，确实能在一定程度上增加自信，起到打气的作用；但沉溺在华丽琳琅的奢侈享受当中，却很容易迷失了自己。说到底，自身的不足只能通过努力来填补，别人的尊重也只能用真正的成功来博得，也希望这一道理能够警醒所有那些追逐名牌的年轻人。

06 齐全的生活装备，难道只为换来心理的安全

在生活中遇到突发情况时，每个人的应对措施都十分迥异。就拿突然下雨来说，每当遇到这种情况，有的人只能尽可能地寻找地方躲避，但另外一些人却会在别人歆羡的眼神中，拿出早就准备好的雨伞潇洒离去。显然，这些人并不是因为事先知晓了天气变化，只是习惯了做好准备。除了雨伞之外，他们可能还随身备有纸巾、创可贴、常备药物等种种物品；如果是外出旅行，他们的大包小包就更是会塞得满满的。

从心理学的角度来看，这类人显然是缺乏足够的安全感。由于胆小怕事，他们在生活中总是有许多杞人之忧，害怕遇到各种突发情况，这才会

尽可能地准备齐全，以求换来心理安全。单就雨伞这一物品来说，心理学家弗洛伊德甚至指出：雨伞有着遮蔽的作用，在心理上象征着父亲的权威，凡是爱随身携带雨伞的人，内心深处都有着一定的恋父情结。对于他的这一观点，不同的人各有其看法，但从携带的雨伞种类，也确实可以看出一个人的心理。

从长短来分，伞的种类有折叠伞、长伞，从颜色和图案上，更是可以细分为很多。通常而言，喜欢在包里藏一把折叠伞的人，内心比常人要更加地谨慎。在生活和工作中，他们总是随时考虑各种突发情况，因此总给人以一种心事重重、无比忧患的模样。相比之下，即便天气尚好也要专门携带雨伞的人，内心更加冷静且喜欢直来直往，并对自己的想法有着超乎寻常的固执。

有的人喜欢使用色彩偏暗的伞，这一类人内心也像他们的伞一样肃穆，有着很强的自尊心；喜欢图案艳丽的伞，则意味着这个人内心豁达，并且更注重个人的心理感受。还有一类人喜欢透明的雨伞，这些人较之他人更加坦诚，不喜欢在生活中斤斤计较。

但不论是缺乏安全感也好、胆小怕事也罢，这一类人一旦放在工作中，却又是十分突出的一类。比起同事，他们考虑得更加全面、看得更为长远、谋划得更加周密，一旦遇到突发情况，也能够比别人更加冷静地应对。比起在扶梯上不落人后、工作中摩拳擦掌的一类人，他们反而更能够成为值得信赖的伙伴。在生活中，这些人看似沉默寡言、烦琐拖拉，却又往往更加细致体贴。

在朋友们的介绍下，王灵芸认识了一位名叫温仁的男生。经过几次约会，两人最终确定了男女朋友关系。

在交往了较长一段时间后，两人开始一起生活，温仁的温柔体贴，也令王灵芸感到十分温馨。但让王灵芸哭笑不得的是，温仁在平日的生活中，总是表现得十分微小谨慎，遇到出行时动辄要准备许多东西才肯罢休。最初两人约会时，温仁就总是背着一个大包，初时她还以为是装有公司的资料，后来才发现全是温仁的个人物品。

都说女孩子出门十分"磨蹭"，但比起素来落落大方的王灵芸，温仁甚至有过之而无不及。有一次王灵芸参加面试，温仁不仅特意陪她一同前往，甚至又准备了许多东西，令王灵芸看得哭笑不得，直说他比自己还像个姑娘。

出行之前本是艳阳高照，但等两人走到一半路时，却突然下起了阵雨。所幸的是温仁包里常年备伞，两人这才没有被淋成落汤鸡。等到了面试地点，公司要求所有参加面试的人员带好简历纸笔，王灵芸这才感到有些不好意思。此前她已经将电子简历发给这家公司，就听从朋友的说法没有携带纸质版，至于纸笔什么的，有了手机的她更是从不携带。按理说只要开口，这家公司也完全可以提供纸笔，但王灵芸却担心这样一来，就会给人留下态度不端正的印象。

满脸窘迫的王灵芸只好再次把目光投向温仁，温仁也果然没有让她失望，笑眯眯地递出了自己早就帮她打印好的简历，还有笔记本和一支笔。看到温仁那张本已十分熟悉的笑脸，平时总是嘲笑他的王灵芸感到心头一阵温暖。

比起追求完美、喜欢挑剔的人，缺乏安全感的人看似有些强迫症，却从不会像前者那样苛求别人，只是在生活和工作中默默做好一切准备。因此，只要不是忧虑过头，他们必然会比前者更好相处、更该得到人们的理解。有些时候，他们慢条斯理的磨蹭或许让人等待不及，但当我们不得不求助于他们的时候，就会觉得他们才是真正的"大救星"。

07 沉迷于收藏，背后那些不为人知的心理原因

许多老一辈人都喜欢收藏文玩，其中一些只是属于业余的玩票性质，但有一些人却把藏品看得像命根子一样。与此同时，许多年轻人也搞起了收藏，只是他们的爱好显得更加丰富。比起老辈人所重视的珍贵文玩，他们的藏品可能是漫画、手工、海报……比起前者，他们的热爱与投入也显得丝毫不逊色。沉迷收藏可以说是一种十分普遍的行为，其背后也有着很多不为人知的心理原因：

兴趣爱好

人活在世，自然会与世间的种种事物产生联系，其中总有一些事物，会使我们有所触动，进而为其赋予独特的意义。当这份意义确定之后，人们自然会产生爱屋及乌的心理，想要尽可能地搜集同类相关事物，将这份意义和感情延续下去。

怀旧心理

这种心理大多出现在老一辈收藏爱好者身上，这是因为他们年事越高，就越容易追忆往昔，生出种种唏嘘。在他们看来，那些被年轻人忽视的古旧物件，往往见证了一段他们不曾经历的岁月，刻有一个时代的烙印。当然，也有一些年轻人虽然阅历浅薄，内心却同样细腻、怀旧，因此会去收藏一些在自己的生命中，格外值得珍视的东西。

保值心理

比起追念和意义，有一类人更加注重现实，对于他们来说，收藏品的经济价值才是最根本的驱动力。根据调查显示，文物古董收藏的投资回报率，甚至远远超过了股票和房地产市场。有一些收藏家本身就有着投资者的身份，珍贵文玩于他们而言，自然是不容错过的奇货。

求全心理

比起追求保值的投资者，抱持这一心理的人往往都是"愣头青"，也更加贪得无厌。此外，随着同一类藏品的不断增多，收藏者自然就会产生想要集齐一切的心理，不然心中就总会觉得有瑕疵。其实，这也是一种追求完美的心理。

虚荣心理

我们总会下意识地认为，所有收藏者都是生性淡泊、精通诗文的儒雅之辈，但这一想法显然错误。有许多人既缺乏对藏品的了解，也无心学习这一领域的知识，只是想要以收藏来装点门面，显得自己高雅罢了。倘若真的参观他们的藏品，则很有可能是不成章法、东拼西凑的"大杂烩"。显然，这一类人就是贻笑大方的存在。

养生心理

比起爱慕虚荣的收藏者，这一类人的心理显然更加积极、健康，通常他们也有着较高的文化素养。在他们眼中，收藏并不是为了彻底的占有某种某种东西，而是要在收藏的过程中，体验到乐趣。只有做到了这样，才能称得上是"玩"收藏。因此，哪怕只有三两件不多的藏品，也完全可以满足他们的需要，这已经是一种很高的精神境界。

自我实现

大部分收藏家都是选择把藏品保管起来，等着日后的升值转卖、传给下一代或是自己赏玩，但也有一些人的想法更加高尚。在他们眼中，每一件文物都是国家历史的见证者，不应该只属于极个别人，因此，他们甚至会不惜一切地获取藏品，最终却全数捐献给国家，哪怕为此一贫如洗，也依然能够得到心灵的安宁。这些人的高风亮节足以令人动容。

除了这7种目的明确的心理外，科学家们还对喜好收藏进行了深入的分析，最终指出这是人的一种代偿行为。我们每个人都会对生活充满期许，但现实却又经常令人不得不妥协。为了填补某种遗憾，人们才会有意地去收藏一些物品，以此来弥补得不到满足的心灵。

林老早年曾在无意间，得到了一块色泽细腻、质地温润的玉石，林老对它十分喜爱。尽管不知道价值多少，他周围的邻居却都认为这是一块美玉，因此林老十分珍惜。

但在当时的生活条件下，林老全家都处于极为窘迫的生活处境，因此他的家人都开始打这块石头的主意。林老最初时并不同意，但随着生活的愈发拮据，他也开始有些动摇。恰好在不久之后，他的父亲就牵涉到了一桩官司，为此林老只得以3000块钱的价格，卖出了那块玉来补贴家用。

按照常理来说，当时的3000块也已经是一笔巨款，但看着一沓可以数出的钞票，林老始终对那块玉石念念不忘。20年后，林老无意间看到了被自己卖出的玉石，才得知其几经易手后最终卖到了30万的高价。林老对此唏嘘不已，更产生了久久不能平静的失落。

从此以后，林老便开始有意无意地收藏玉石，每当自己新得到一块玉石，都会忍不住与自己早年得到的那一块相比较。尽管一再说着自己已经逐渐看淡了那份错过，但看着林老凝视玉石时的神情，人们总会感受到浓浓的缅怀气息。

像林老这种收藏行为，显然就是为了弥补自己早年的错过经历，只是这样的心态至少还是可以接受的。现实当中，也有一些人会在得不到满足的情况下，不惜越过雷池来填补自己内心的空虚，也正是这样的心理。

在获得 2015 年雨果奖的著名科幻小说《三体》中，讲到了这样一个故事：一位代号是 1937 号的星际观察员，由于某些原因被困在观察室很久，为了生存不得不吃掉一切能咽下去的食物。尽管自己后来被救出，他却产生了巨大的心理阴影，以至在回去的车上，不断地偷走其他乘客的食物，因此被视为笑话。只是这些乘客都不知道，在他们眼中看似"有趣"的观察员，早就对其余衣食无忧的乘客，产生了几乎抑制不住的忌妒和施暴恶念，很长时间才得以缓解。

倘若收藏心理发展到这样的地步，显然已经是一种病态，偏偏在某类特定的群体中，这一病态心理并不乏见。在现实社会当中，我们偶然能看到一些女性内衣失窃的案件，这类案件在日本尤为频发。这种恋物癖基本上发于男性，其本质就是对女性的渴求，以及得不到满足后的一种自我补偿。

需要指出的是，不论如何疯狂地进行搜集，收藏者往往也只能在一定程度上，缓解自己的不满欲求，这种亏欠的心理并不会彻底消失。因此作为收藏者，更要把握好自己的心理，对于那种趋于扭曲的欲望，更要学会正视与控制。

08 放肆地大笑，内心是否真的坦然

没有人会厌恶与爱笑的人打交道，心理学家更把笑看作是人类与他人交流的最古老的方式之一。在陌生的场合下，人们即便相谈甚欢，也会出于礼节而对笑声有所克制，但偶然也总会冒出那么一两个笑得"放肆"的异类。表面上看，笑得大声是一种坦然的宣示，但真相却并非如此。

也许我们都已经注意到了：那些忍不住放声大笑的人，在生活当中往往并不开朗、外向，而是经常表现得一本正经、刻板严肃。尤其是有外人在场的时候，他们的木讷表情总是令朋友不知如何介绍，使气氛变得特别尴尬，但越是这一类性格的人，就越是容易在相互熟稔之后，表现出热情奔放的一面。

在这类人心中，陌生人和朋友完全是对立的概念，因此他们才会呈现出两种极端的态度。比起别人，他们更喜欢直来直往。只要两个人谈得来，他们就不介意展现出自己的热忱。这一类人往往富有同情心和同理心，因此特别受欢迎，但有些时候，他们也会下意识地通过大笑，刻意展示自己的风采气度，以此来起到震慑周围、吸引关注的作用。

还有一类人则是不折不扣的装腔作势"惯犯"，从他们的笑声中，我们很容易就能听出他们的自负和自我中心主义。和前者一样，这一类人内心光明磊落、坦坦荡荡，是十分适合相处的朋友。

如果是他们毛遂自荐，想要帮助我们去完成某个重大任务，我们就有必要多加慎重了。尽管这一类人会为了朋友两肋插刀，鼓起满腔热情帮忙，但他们的过于自信，又常常会搞砸一切。正因为他们想法单纯，没有太过复杂的思虑，所以即便是需要剥丝抽茧的细致工作，他们也只会下意识地凭借一腔蛮力去做，结果自然并不理想。此外，这一类人往往更注重个人的心理感受，忽视同伴的存在和团队的作用，也就是说，他们很容易成为无心的"害群之马"。

刘方刚是郑崇刚进入公司时的"引路人"，早在实习期间，他的爽朗个性就给郑崇留下了深刻的印象。通过实习期后，郑崇又得到了新的分配，进入了一个新的工作小组。

由于所在的小组任务较重，郑崇又缺乏经验，因此他总是遇到各种疑难，工作进度并不算快。按理来说，遇到这样的情况，他就该及时向同组的成员请教，然而看着几位年长同事的严肃模样，他总是难以启齿。

刘方刚与郑崇只差3届，年龄十分接近，再加上之前的引路之缘，两人在公司里反而更加亲近，但郑崇也注意到，尽管刘方刚在公司很受欢迎，也有着丰富的工作经验，但却很少有人去向他寻求帮助。当时郑崇正为自己的工作进度苦恼，没有多加考虑便向刘方刚提出了求援，而刘方刚听到后，也一如既往地露出了自己标志性的爽朗大笑，拍着胸脯答应了这一请求。

得到刘方刚的保证后，郑崇这才松了一口气，然而另外几位同事得知后，却都只是淡淡苦笑着摇了摇头。眼瞅着上交成果的期限将近，满心等待好消息的郑崇终于收到了刘方刚的反馈，但在看到对方做出的设计之后，他当即倒吸了一口冷气。原来，刘方刚虽然完成了设计方案，却与上级的要求有着很多差距，自己若是就这样交上去，十有八九会被狠批一顿，但看着刘方刚一脸诚挚的模样，他也不好意思再加质疑，只得自己硬着头皮昼夜修改，才算勉强通过。

此后，郑崇先后又有一些事务不得不劳烦刘方刚，但每次都没有比较理想的结果，他这才明白为什么刘方刚与人和善，却很少有人主动请求他施以援手。此后，郑崇不管遇到什么困难，也都会改向其他同事请教，只将刘方刚视为一个真诚的朋友去看待了。

在各种热血动漫或影视作品中，经常出现这样一类平日吊儿郎当但又十分豪迈的角色，这种角色往往也十分受欢迎。许多像刘方刚这样的人，或多或少都是受到这一类角色的潜移默化，才会表现出相同的做派。

此外，这种故作放荡的表现，在心理学上还有一个对应的说法——表演型人格障碍。表演型人格障碍又称"戏剧化型人格障碍""癔病人格障碍""寻求注意型人格"等，在心理学上被定义为一种心理疾病。

拥有这种人格的人往往看似坦然，其实内心却高度焦虑，情绪也十分不稳定，容易游走在极度高兴或极度悲伤之间。比起旁人，他们通常更需要别人关心，只是又不好意思说出口。为了转移自己的注意力、引起别人的关注或是加深自己留给别人的印象，他们才会做出种种浮夸举动，肆无忌惮地哈哈大笑，以此来遮掩内心的不安。因此，他们的大笑与其说是豪迈气度，倒不如说是"爱闹有奶吃"的孩子气。

高中毕业后，毛佳佳成功考上了理想的大学。一般而言，比起性格大大咧咧的男生，女生之间在相处时，更容易出现种种钩心斗角，但毛佳佳却在开学后不久，就与自己的几位舍友打成了一片。

在几位舍友眼中，毛佳佳不仅学习认真，性格也十分乐观，在整个宿舍中就属她每天最为开朗，笑得没心没肺似的。即便是和宿舍以外的同学相处，毛佳佳也总是能够以自己的笑容，感染到周围的人们，因此几乎所有人都对她十分欢迎。

看似爽朗的毛佳佳在内心深处，却总是感觉到十分落寞，虽然身边围绕着一大群人，却没有一个能够真正走进她的内心。女孩子的心思总是很细腻，她的几位舍友也慢慢察觉到，这个看似对谁都没心没肺大笑的姑娘，其实并不是真的那么开心。

比起舍友，毛佳佳更加知晓自己的情况，为了了解是怎么一回事，她决定去询问心理老师。经过诊断，心理老师最终指出她患有表演型人格障碍。

面对毛佳佳的满脸不解，心理老师指出：表演型人格障碍患者，一般都渴望获得别人关注，把自尊建立在别人的认可之上，因此格外敏感。为了博取关注，他们才会故意表现得特别热情，似乎十分善于交际。庆幸的是，这种人格虽然难以彻底改变，但却可以经过治疗而缓解。鉴于这一类人通常有较好的艺术表现才能，善于感染别人，心理老师又特别建议她发挥表演才能，多多参加校园活动。

经过一番开导之后，毛佳佳的心情好了许多，并且她也采纳了老师的建议，加入了学校的话剧社团。凭借着自己富于感染的表演，她果然赢得了许多同学的关注，平日走在校园里甚至不需要自己主动，就经常被人认出。再加上心理老师时不时的指导，她终于开始逐渐克服自己那极端的"热情"，内心的不安也缓解了许多。

比起其他心理疾病，表演型人格障碍一般不会干扰到患者的日常生活，因此无须太过紧张。但为了防止因抑郁情绪而引发其他问题，患者也要学着去改变自己的看法。首先，别人的尊重应该建立在自我价值之上，而非一味地向人卖好；其次，对于自己的渴求和愿望，应该试着大胆去表达，而非郁结在心或夸张表演。

09 平时越安静，酒后也就越"疯癫"吗

在日常的生活工作中，我们难免会和酒打交道，但在酒桌上我们经常会发现，越是平日里斯斯文文的人士，一旦三杯酒下肚后，就越是会红光满面、性情大变，变得滔滔不绝或是又哭又笑，也就是所谓的"耍酒疯"。

一般来说，这种醉后性情疯癫，呈现出两种极端的人，反而恰恰是在日常生活和工作中，最为微小谨慎、理性客观的人。这种"耍酒疯"的做法，通常都会被人们视为"没有酒品"，但这一情形却绝不仅仅是因酒精削弱中枢神经系统而引起的。

比起性格开朗、大大咧咧的粗心人士，这一类人在生活和工作中，往往会付出更多的心力，同时这也会使他们积累更为庞大的心理压力。受限于他们的理性，这种精神压力只能在心底里不断积蓄，却始终无法发泄，但在喝酒之后，酒精就会在一定程度上，破坏人脑的正常思考逻辑，使这一类人的内心得到"释放"。

多数情况下，这种人即便喝得酩酊大醉，也只会向自己平时最亲近的人诉说情感，希望以此来博得他们的关怀、体谅。根据表现的不同，这些人的内心想法和性格也有着许多差异。

酒后大笑型

这种人属于"三杯下肚精神爽，明日黄昏又再来"的一类，在生活中比较常见。这些人一旦喝醉之后，就会表现得十分兴奋，甚至还会手舞足蹈，最是引人发笑。

比起他人，这种人对生活有着更高的热情和追求，为人胸襟坦荡、性情开朗，在平日里最是乐于助人，也能坦然接受别人对自己的援助。他们大气而不失细腻，最是能够照顾到别人的情绪，对自己有着更多的自信。因此，这些人一旦喝醉了酒，就会表现得比平日更加"放荡不羁"，成为渲染热烈气氛的最佳能手。

酒后哭泣型

比起酒后的欢畅笑声，这一类人的哭泣哀号，显得十分不合时宜，好在这一类人通常还能克制自己，只是一个人低头发泄，而不是无所顾忌地"耍酒疯"。这一类人的心思最是细腻，在生活中最能体谅别人的苦处，但同时又气量狭小，经常把所有事情闷在心底，也就是所谓的"闷骚"一类。

正是由于性格"阴沉"，这一类人虽然那么善解人意，却总是过得并不如意，这又进一步加深了他们的自卑心理。由于害怕被别人耻笑，就算心中再不痛快，他们还是会咬着牙把所有事情埋在心里，伴着烈酒独自品尝。所谓"借酒浇愁愁更愁"，正是对这一类人的心理写照。

酒后啰嗦型

比起酒后大喜大悲的两类人，这种人的表现堪称"君子之风"，但听着他们喋喋不休的诉说，自己的耳朵也难免生出老茧。这种人在生活中虽然看似平静，其实内心也有着很多波澜壮阔的想法，只是从不轻易表露罢了。

比起他人，这种人对生活往往有着自己的理解和认识，也不乏对未来的期许和抱负，但多数时候他们还并未实现自己的理想。此外，尽管自己不甘于现状，他们却又安于现状，无法做出果断的取舍。只有在醉酒之后，他们才会酝酿出种种"长情"，追忆往昔峥嵘或是指点天下江山，一旦打开话匣子就再也闭不上嘴。

酒后狂躁型

有的人一旦喝醉了酒，就会丧失控制自我的能力，他们的破坏力也是所有类型中最高的。即便是前一刻还在举樽共饮、无话不谈，下一刻他们可能就会百般挑剔、迁怒于人，令人战战兢兢，疲于应付。

一般而言，这种人都属于性格内向、自尊过强的一类，当然也有一部分天生就是火暴性子。由于生活不如意，他们心里总是憋着一股邪火，平日里也动辄出口伤人，或是拉着一张脸，给人以一副难以接近的印象。一旦灌下几口黄汤，对他们而言就无异于火上浇油。

酒后骚扰型

比起在酒后狂暴不能自制的狂躁型人士，这一类人多少还算知晓分寸，只是偶然也会稍微过火。他们在喝醉酒后，并不会滥行暴力伤害他人，但往往也会做出种种失礼举动，比如出言不逊、逗弄小孩、奚落他人，使得旁人十分尴尬。

这一类人在生活中，往往也是最为乐观开朗、与人为善之辈，有他们所在的地方，必然少不了欢声笑语。醉酒于他们而言，只是强化了平日里的表现罢了。

不论一个人酒后是哪种类型，这种建立在理智丧失基础上的表现，都会不可避免地给别人带来困扰，严重的甚至还会造成各种恶劣影响。因此，对于所有人来说，饮酒虽好，却真的不可贪杯。

王志强是一名体校学生，毕业后又进入一所大学，担任了体育老师。比起其他几位同事，年轻的王志强虽然表现得十分努力，但性情也更加急躁，因此他的朋友都戏称他是"四肢发达、头脑简单"。

经过几年的工作，王志强自认为自己已经可以评上更高的职称，就连其他几位同事也对此深信不疑。但是由于当时学校正逢人事变动，再加上其他方面的原因，王志强最终功亏一篑。

为了宽慰满心愤懑的王志强，几位同事主动拉着他去喝酒吃饭，然而几杯酒下肚之后，他的情绪反而更加激动，大声斥责领导不公。几位同事受此感染，也开始吐露以往工作中不顺的怨言，一时间大伙的情绪都开始失控。

直到喝完酒返回校园的路上，王志强等人还在怒骂领导，最后他们干脆直接走进了领导的办公室，对着领导大声指责，说到激动处更是狂砸东西。当时学校里还有许多学生，他们大多都目睹了这一幕场景，这一闹剧很快就传遍了校园。

校园保安得知消息后闻声赶来，好不容易才拉住了王志强等人。次日，学校方面就正式下达通知，将王志强等几名教师正式开除。酒醒之后自知理亏的王志强等人，感到懊悔万分，却又已经无济于事了。

喝酒误事到这样的程度，显然已经是得不偿失、令人扼腕了。因此，如果对自己的酒品没有充分的把握，我们最好不要在酒桌上太过贪杯。

此外，还有一类人在酒桌上经常十分克制，他们的个性通常十分深沉，内心充满戒备。这些人深知"酒后吐真言"的教训，总是担心别人会趁机打探消息。还有一些人往往会在酒桌上故意说一些秘密，以此来换取自己想要的信息，这种人最是需要警惕。

10 喋喋不休满嘴废话，是话痨还是心病

心理学家曾经指出：一个人的废话占到了自己所说的 90% 以上，他的心情常常是快乐的，而那些废话比重低于 50% 的人，常常表现得十分消沉。一个最直观的证明就是：去心理诊所看病的人，大都是那类性格内向、不善言辞与沟通的人士。

随着对人类心理的研究不断深入，心理学家们又发现了一种截然不同的现象：有的时候，话痨们并不全是积极阳光人士，反而可能是患有心理疾病的体现。

王大明一家在胡同巷里居住了大半辈子，与周围的邻居早就彼此十分

89

熟悉。在左右街坊邻居的眼中，王大明就是一个喜欢耍贫嘴的话痨。

平时不论是上班路上遇见也好，下班回家串门也罢，邻居们只要遇到王大明，就免不了要与他客套半天。久而久之，邻居们也就都习惯了。每逢哪户邻居家中张罗喜宴，只要有王大明在场，他总是能在第一时间，把所有客人逗得捧腹大笑，带动整个院子的喜庆气氛。

在最近一段时间，街坊邻居们总觉得巷子里少了点什么似的，经过一合计，他们才发现似乎很久没有听到王大明的喋喋不休了。一番打探后，他们这才傻了眼：王大明竟然因为患抑郁症住进了医院！联想到王大明平日里喋喋不休的样子，几乎所有邻居都感到难以置信。

有些人越是压力巨大，就越是喜欢与人交谈，把对方视为倾吐秘密的"树洞"，借此来排出内心的压力。比起凡事只会打落牙齿往肚里吞的人，他们确实显得高明一些，只是往往又会因此而令人厌烦。如果继续深入剖析，我们又能从中发现这类人的四种心理倾向：

心里藏不住话

有一类人是天生藏不住话的人，心中一有所想就总是要吐露出来，不管不顾该说与否。网上所谓的"你不是说话直，而是情商低（没教养）"，说的往往就是这一类人。

这一类人内心大大咧咧，很少会顾及到别人的感受，看似直爽却难免令人心生厌倦。由于口无遮拦，旁人总是担心他们会揭穿自己，很难将他们引为心腹之交。

喜欢耍宝卖弄

比起有一说一有二说二的第一类人，这一种人往往显得聪慧狡黠，之所以话多也是为了张扬个性，显摆自己的能力。真要说起来的话，他们其实反而十分热情、友善。

遗憾的是，这类人虽然话多且贫嘴，却和第一类人一样情商较低，即便是善意的玩笑也总是会开得过头。如果遇上内心敏感的人士，他们更会被视为是在嘲讽对方。

不说心里不安

比起个性张扬的前两类人，这种人则是典型的自卑。每次与人交谈之时，他们总会担心自己说的话不够明确、引起对方的误会，为此只得一再加以补充解释。他们说的话越多，就越是暴露了自己没有底气的事实，最终适得其反。

担心不被关注

当今社会，人们往往会提到"存在感"这一名词，这也在某种程度上说明了现代人对自身的焦虑。当感觉到自己存在感太低、想要引起别人的关注时，一些人就会通过不停地说话来吸引旁人。

在正式的社交场合中，每个人都需要先进行"试探"，然后才能转入正题，为此开场白就显得十分重要。通常而言，开场白应该简单直接，阐述要点，但也有一些人喜欢喋喋不休。

之所以会出现这样的情况，一方面是说话者出于降低对方戒心的需要，另一方面也是为了凸显自己的绅士风度，避免留下猴儿急、不沉稳的负面印象。还有一些人则是自己心里紧张，不得不利用多讲话来平复自己的心情，种种情况不一而足。但不论是那种情况，都需要说话者在事前多加思考，明确什么该说、什么不该说，这样才能给别人留下更好的印象。

王溥大学毕业之后，没有选择继续读研，而是和许多人一样都走向了社会。为了能够尽快找到工作，王溥特意跑到了繁华的上海，暂时挤住在朋友那里，接下来就开始积极寻找工作。

此前王溥从来没有面试经历，为了能够给面试官留下深刻的印象，他特意准备了内容详尽的简历，并在脑海里反复进行了演练。但不知为何，每次走进位于繁华地段的写字楼，他就感到十分紧张。

自从来到上海后，王溥参加了好几家大型公司的面试，每次都会被对方提问好几个问题。坦白来说，这些问题其实并没有多少难度，但王溥却总是忧心忡忡。每回答完一个问题，还不等对方开口，他都要再次"补充"一下，结果一场面试下来，面试官总是频频皱眉。

一连几天，他的朋友每次下班回来，都会看到早早面试归来、满脸愁容的王溥，不用说就能猜到他又失败了。在详细了解了面试过程后，富有经验的朋友只是给他提了一个十分简短的建议："多说不如少说，少说一次说全。"看着王溥的疑问神情，朋友又言简意赅地解释说，过于啰唆只能给对方留下轻浮、毛躁的印象，必然无法给自己加分。接下来，他又给王溥传授了一些其他的经验。

在朋友的帮助下，王溥这才开始改变自己的应答方式，不久之后，他终于收到了人生当中的第一份 offer。此后王溥在工作中，也开始有意地学着组织语言，一次性把话说对，以给人留下更加沉稳、自信的印象。

一次成功的面试，自然取决于多项因素，但语言的作用显然也不容小觑。在正常的人际交往中，喋喋不休、长篇大论，固然能够传递出更多的信息，但却过于耗费时间，远不如言简意赅来得高效。

还有时候，一些初为父母的大人会发现，小孩子也会表现得十分话多，甚至还会不停地自言自语。但与大人不同的是，孩子们（尤其是 4 岁孩子）的话多表现，是一种正常的学习行为。只要加以接受和正确引导，等到过了这一段时期之后，这种情况就会有所改变。

11 路怒症是道德问题，还是心理问题

路怒症在全世界范围内，都是一种极为常见的现象，美国很早的时候就对此做过调查，结果发现国内有 7％的司机都患有路怒症。翻开新闻报纸，关于路怒症的案件报道也经常可见，英国甚至专门给这一类人起了一个称号，叫作"Road Lazy"，可见这一社会现象是多么普遍。

有一些人认为，路怒症纯粹就是道德问题，是"已经增长的物质生活水平与落后道德之间的矛盾"，但这一说法显然并不准确。事实上，那些因路怒症而情绪失控、对其他人或车辆破口大骂、甚至在路上横冲直撞进行报复的司机，往往在生活中扮演着温文尔雅的角色，只是当钻进驾驶室、摸到方向盘后，他们的性情才会突然转变，令人望而生畏。

对此，美国的心理学家给出了更为准确的答案，直指这是一种心理问题。他们将路怒症正式定义为一种心理疾病，叫作"阵发性暴怒障碍"。经过调查显示，这种疾病的男女患病的比例为 4 比 1，在男性司机当中出现的概率更高。不仅如此，比起年老且经验丰富的司机，年轻司机更容易因一时冲动而犯病。

不论是多么华贵的轿车，留给车内人的空间始终是有限的，这也在一定程度上限制了本就是动物的人类，容易引发人心理上的不适（更为极端的就是狭小空间恐惧症）。倘若道路通畅，司机尚且能够拥有一定的心理缓冲余地，但在堵车的情况下，他们就等于被变相地禁锢了。这种感觉很容易对司机的心理造成刺激，使他们出现精神失控，犹如医学上所说的反应性精神障碍。此外，汽车本身的汽油味道，也容易激发人的攻击性，这也是引发路怒症心理的一大诱因。

93

如果多看一些报道我们就会发现，有时候即便道路通畅无阻，还是有一些司机会做出种种攻击性举动，比如之前沸沸扬扬的某地女司机被打一事。可见，路怒症的心理诱发因素绝不仅仅是"堵车"两字可以轻易解释的。

心理学家C·金对此提出了自己的看法。他指出，对于任何一位驾驶员来说，当他进入驾驶室的那一瞬间，汽车就不仅仅是一个交通工具，而是他身体的延伸。心理学上早就提出了著名的"私人空间效应"，即每个人身体前后0.6到1.5米、左右1米左右的范围，都属于不容入侵的私人范围。C·金认为，当进入驾驶室之后，驾驶员就已经与车连为一体，其私人空间的划分自然也就要以车辆为中心，呈现出放大的结果。

这样一来，当驾驶员开着车辆行在道路上时，就必然会对其余车辆十分在意；一旦别的汽车接近自己、超过自己，他们就会本能地感到紧张。何况对方的一些危险驾驶行为，本身也伴有极大的安全隐患。在肾上腺素的刺激下，感到威胁的驾驶员也就更容易"暴走"，选择以牙还牙。但是，这样的做法显然并不理智，也很容易引发巨大风险。

武先生参加工作多年，一直都是乘坐公交上下班，但等到他有了孩子之后，出于接送孩子上下学的需要，又为孩子买了一辆轿车。然而自从开上车之后，原本在公司里温文尔雅，见人就打招呼的武先生，情绪逐渐变得浮躁，见了同事也总是视若无睹。

原来，武先生孩子所在的学校，在当地十分出名，许多父母都争先恐后把孩子送到那里读书。因此每当上下学之时，那一片的交通状况都极为恶劣，即便是以武先生的耐性，也总是难以忍受。尤其是一些素质低下的车主，总是想尽办法地钻空子，致使所有车辆的通行愈发困难。每当遇到这样的情况，武先生都会感到十分愤怒，有时甚至还会忍不住口出狂言。看着父亲暴怒的模样，他的孩子坐在车里，也感到十分畏惧。

在一次下班接孩子回家的途中，学校附近的道路又开始拥堵，幸好有人临时站出来充当指挥，这才使得车队开始慢慢走动。由于自己起步较慢，武先生与前面的车拉开了一道不小的空隙，就在这时，身后一辆狂按喇叭的汽车，突然就径直插了进去。由于空隙有限，那辆车根本无法彻底插入，结果还阻碍了逆向车辆，使得情况再次陷入混乱。

见到这一憋屈场景，原本就憋了一肚子火的武先生再也忍不住，摇下车窗对着那辆车就是一顿痛骂，对面的那位司机也针锋相对地进行回应。见到如此不知羞耻的人，武先生当即熄火停车，推开车门就要与那位司机好好"理论"一番。就在此时，受到惊吓的孩子终于放声大哭，这才使得武先生猛然惊醒，硬生生忍耐住了自己的冲动。

显然，并不是所有的路怒症，都会像武先生这样以和平的方式收尾，报纸上关于这类案件的报道屡见不鲜，这就充分说明了这一问题。路怒症又确确实实会引发许多恶果，因此每一位驾驶员都应该学会控制自己的情绪。

既然路怒症是一种心理疾病，我们就要从心理方面来进行治疗。克服路怒症说到底需要自制，但也有一些巧妙的办法。

做深呼吸

心理学家经过实验发现，做深呼吸、拍打胸口，的确能够在一定程度上缓解内心的浮躁，唤回人的理性。如果想要减轻内心的冲动，避免过激行为，这是最为简单高效的办法。

播放音乐

对于现在的汽车而言，多媒体系统并不罕见，何况还能接受各类音乐电台。提前在车内储存、下载一些自己喜欢的舒缓型音乐，一旦遇到不良路况时，音乐就能够起到抚慰自己内心的作用了。

嚼口香糖

嚼口香糖有助于提高人们的积极情绪和快乐感觉，这是心理学家经过实验证明的结论，经常驾驶汽车的司机不妨在开车期间，通过咀嚼口香糖来缓解部分压力。经过调查现实，越是嚼口香糖时间久的司机，驾驶违规的频率就越低。

12 大尺度着装是在向谁“宣战”

炎炎夏日，燥热烦心，那些年轻漂亮、衣着清凉的女子，就成为了人们眼中最为亮丽的一道风景。有些时候，我们也经常会遇到一些穿着偏向大胆的女子，她们的大尺度甚至令路人都觉得尴尬。这一类女子通常都会被冠以“伤风败俗”“不知廉耻”的标签，但她们的真实心理，却是以下几种情况：

对同性“宣战”

女性之间的“战争”总是暗无声息，尽管她们往往会用“美给其他姑娘看”来作为穿着暴露的理由，但她们的心理与其说是展示，不如说是压服。

很多时候，女性虽然宣称讨厌异性的目光，但却恰恰又是通过异性的关注来与身边女性一决高下。这个时候，大尺度着装就成为了对其他女性“宣战”的无声暗示，和战无不胜的“神器”。通过这样的比拼来击败同性竞争对手，显然是一件十分欢畅的事情。

消弭性压抑

除了爱美的天性以外，也确实有一部分女性比较开放，当对性的压抑积蓄到一定程度的时候，她们就会把自己内心的渴望，寄托在大尺度的着装上。通过这种方式展现魅力，吸引异性的注意，能够在一定程度上缓解她们的焦躁，有助于她们平复自己的心境。

大尺度等于更多关注

尽管女性总是宣称"美给自己看""美给同性看"，但对于这样的口号，我们最好还是不要全盘相信。对于女性而言，异性的关注目光（注意不是下流目光）总归是一件爽心悦目之事，即便表面上看似平静，她们的心底里也一样会为此得意。

大部分人的婚后生活，总是会难以避免地走向平淡，但对个别女性而言，这却是十分难以忍受的。尤其是当身边人忙于为生活奔波时，她们却会觉得自己被忽略、冷落了。为了"挽回"男人的心思，或者寻求心理安慰，大尺度的着装就成为了展示风采、增添诱惑、赢得瞩目的最佳方式。

把大尺度作为自信的暗示

比起穿着保守、畏畏缩缩的女性，人们总是认为穿着暴露的女性更加自信，这一看法也确实得到了心理学家的证实。心理学家曾经做过两个实验，一是由女性自行挑选保守和暴露两类服饰，二是由男性来评价不同穿着的女性。最终结果都表明，不论是女性也好，还是男性也罢，大尺度的着装总是与自信紧密结合在一起。

正是出于这一认知，一些原本既不开放、也不自信的女性，也会开始转变自己的衣着风格，由保守转为大尺度。在她们的内心深处，既有着对异性关注的渴望，也有着为自己打气的想法。

女性也有暴露癖

说起暴露癖，人们往往会联想到"性骚扰色狼""公交猥亵男"等，仿佛这是男性专属，然而事实上，女性也同样会有这样的心理。只是比起男性，女性往往是把肢体（最具代表性的就是大腿），看作与男性生殖部位相对应的部分，所以她们可以巧妙地借助清凉着装，来满足自己的暴露癖好，同时还能够展现出自己的风采，可谓一举两得。

安全感越强，尺度越大

在结合了经济发展的规律之后，心理学家还意外发现了一个有趣的现象：越是经济繁荣的时代，女性们的穿着就越发暴露；反倒是经济萧条的时期，女性们反而会换上需要更多布料缝制的衣物。

表面上看，这似乎有些匪夷所思，但心理学家却给出了一个极具说服力的答案：安全感。在经济繁荣发展的时期，人们的生活水平较高，内心更加充裕，穿着布料即使少一点也足以调和；在生活艰难困苦的时期，女性由于安全感不足，就更趋向于通过严严实实的装扮来安抚自己，给自己以足够的心理暗示。

有一句歌词提到这是一个"爱美的时代"，没有几个人能够抵挡美的魅力。很多时候，通过大尺度的着装来增添魅力，确实是十分简洁高效的做法，但也需要注意区分场合。

王玉洁就读于一所名牌师范大学，毕业之后也按照常规选择，做了一名高中教师。比起正值青春年少的班级学生，刚刚参加工作的王玉洁一来没有经验，二来与学生年龄接近，因此总是感觉到难以"压服"他们。

在学校学习期间，王玉洁并没有像大多数同学那样，整天研究梳妆打扮，争取吸引更多关注，再加上自己长相平平，身为老师的她即便是面对班里漂亮大方的女学生，也常常觉得没有底气。为此王玉洁想尽了种种办法，来尽可能地展现自己的风采，希望以此来赢得学生的尊敬。

在爱美这一天性的主导下，原本不善打扮的王玉洁，很快就成为了一名潮流女教师，除此之外，她又开始试着转变自己的穿衣风格。即便是在天气较冷、需要多穿的季节，她也会故意选择各种靓丽的衣服；到了夏季就更是穿得十分清凉，俨然成为全校师生眼中的一道"风景"。

自从转变了穿衣风格后，王玉洁无论走到学校哪里，总能赢来一片目光；当自己站在讲台上讲课时，也无形中增加了自信。然而有几位学生家长在看到这位年轻漂亮的老师后，却产生了很大的不满。很快地，她们就向校方提出抗议，指责王玉洁"不顾师道尊严""影响孩子学习"，校领导只得私下找到王玉洁谈话。

在与领导谈话之后，王玉洁才得知自己的夸张打扮，不仅引起了学生家长的不满，就连一些学生也认为她不够庄重。眼见事情朝着相反的方向发展，王玉洁感到十分无奈。在领导的半批评半建议下，她这才开始改变自己的行为，把主要精力放在讲课上。

在这个强调尊重个性的时代，许多女性的穿着打扮已经不仅仅是普通的"清凉"，甚至已经到了近乎"直白"的大尺度，这样的行为显然并不合宜。不论是想要博取关注也好，还是增加自信也罢，首先都应该建立在尊重自己的基础之上。适当的暴露确实能够展现美和魅力，但一旦拿捏不好尺度，就会适得其反，使自己沦为别人眼中的笑柄。

13 失恋后只有指责前任，才能让自己好受吗

有一些人一旦失恋之后，为了能够让自己好受，就会对对方横加指责、大肆诋毁，把原本视为完美的对方描述得十分不堪；甚至在公开场合也要指责对方的不是，宣称是对方做得不对、有愧于自己。这种情况尤其容易发生在男性身上。通常情况下，这种表现都会被人们批评为"渣"。在心理学上，这种情况也有着更深层次的原因。

美国的心理学家利昂·费斯廷格经过对人的态度变化过程进行研究，提出了一个重要的理论——认知失调理论。他指出：任何个体对于事物的态度以及态度和自身行为两者之间，都存在着相互协调的关系，这些协调一旦被外力打破，就会使个体的认知转向不和谐的状态，即认知失调。认知失调一旦出现，个体就会产生心理紧张，为了解除紧张，就只好通过改变认知、增加新的认知、改变认知的相对重要性、改变行为等方法，来再次实现内心认知的平衡，让自己能够感到好受一些。

对于失恋中的人而言（尤其是男性），恢复内心的平衡是一件极为重要的事情，而想要实现这一目的，就不得不再次审视自己的认知。显然，这个时候如果还将对方视为完美无瑕、正确合理的存在，就等于在同时宣告了自己的错误，这显然是他们所不能容忍的。男性之所以比女性更容易做出这种"渣"事，也是由于他们有着更加强大的空间认知能力，更容易在脑海中浮现场景画面，从而陷入更深的悔恨中。越是想要摆脱这份沉沦，他们就越会表现得十分刻薄，这种做法就如同吃不到葡萄就说葡萄酸的那只狐狸一样，都是一种极为没品的表现。

有一句话叫作"男人永远都是孩子"，在某种程度上，这句话也表明

了男性更容易指责前任的原因。通常情况下，只有孩子才是幼稚而缺乏理性的，才会在情感受挫之后做出任性而不讲理的应对。

高铖与张雅高考后进入同一所大学，大二时在双方舍友的牵线搭桥下，成为一对恋人。在此后的几年大学生涯中，高铖与张雅整日腻在一起，逛遍了学校的每一个角落，在所有朋友眼中，他俩都堪称是完美恋人。

都说大学毕业季是分手季，高铖和张雅这对恋人也没能逃脱这一"定律"，真正是应验了"情深不寿"这一句话。两人之中，张雅是主动提出分手的一方，理由是两个人无法一起面对生活。张雅的这一理由令高铖一时摸不着头脑，而她所提出的决定，更是给高铖造成了巨大的打击。

和许多人一样，高铖自从被迫接受分手这一结果之后，也在酒桌上大醉大哭了几场，非常没有风度。在酒桌上，素来以温柔体贴著称的高铖，一反常态地向朋友大诉苦水，抱怨自己在与张雅一起时的种种情况，对张雅进行了种种抱怨和挖苦。在此时的他眼中，张雅过去的任性由"可爱"变成了"蛮横"，她的"温柔"也变成了"虚伪"。最后他更说起了张雅的一些隐私，以至于就连他的几位朋友也听得纷纷皱眉，觉得他有些过分了。

毕业之后，高铖没有像张雅那样选择考研，而是参加了工作。在此后的整整3年时间里，他始终没有再和别的女孩子交往。每当和单位的男性同事、或往日的好友聚餐时，只要提到感情问题，酒桌上就总是少不了他抱怨诉苦、奚落张雅的声音。

3年之后，高铖的工作终于趋向稳定，他也开始敞开心扉，和别的姑娘进行交往。此时他的同事和朋友们也发现，私底下的高铖已经逐渐不再提起有关张雅的事情，就算旁人偶尔提起，他也只是一笑了之。随着以往的同学朋友结婚，高铖也先后好几次在宴会上见到了自己曾爱过、也曾恨过的张雅。但每次见面之后，高铖始终都表现得十分淡然，偶尔应酬几句时，也都表现得十分真挚、友善，一如当年尚未毕业时的那个温厚男生。

经历分手之后，许多人心中都会产生心理落差，尤其是被迫接受分手的一方处于被动位置，更会觉得满腔爱意无处寄托，产生自己是被抛弃的感觉。为了挽回自己失去的"尊严"，消除内心的难受，被分手者自然会需要一些足够分量的理由，来扳回自己心理上的失衡，消除不平等的感觉。显然，挑对方的刺、否定对方就成了最为有效的方式。

这种没品的方式也有一个专业称呼，叫作"消除认知的不协调"，在心理上属于一种自我保护机制。当然，这样的做法会显得十分下作、没风度，但不可否认它又是一种极为有效、普遍的心理暗示，确实能够起到抚平失恋者内心的作用。

一般而言，只要失恋者走出这段阴影，就会停止自己的卑劣举动，这也正应了那句"没有谁是离开谁就不能活"。所以对于失恋者而言，最好的应对方式其实就是放下所谓的自尊心，勇敢地接受现实、拥抱生活，以坚强和宽容来度过这一艰辛的历程。

14 谦虚不争是淡泊，还是胆怯

这是一个最需要奋斗的年代，但生活中我们却经常能看到一些十分"淡泊名利"的人。从他们口中，我们总能听到"时光悠悠、岁月静好"一类的诗意感慨，但观他们的一言一行，却从未以坚韧、刻苦来回敬岁月。

在这一类人眼中，生活就应该是平静才显得美好，他们也从不喜欢加快自己的步调。说起金钱物质这些概念时，他们也总是一脸淡漠，表示自己眼中一切物质不过是浮云。乍看上去，我们很容易为他们的恬淡所感染，但事实上他们的心态与其说是淡泊，倒不是说是一种胆怯。

现实生活中，除了已经实现梦想的人士之外，几乎没有几个人不渴望成功，区别更多的是在于是否有足够的勇气。那些为了物质财富而汲汲营营的人，不可否认，他们确实是敢于拼搏的勇者。

相比之下，许多看似淡泊宁静的人士，内心其实对成功和财富更加渴求，只是他们偏偏少了成功者最该有的坚韧不拔之志。比起他们口中蝇营狗苟的人，他们看起来显得十分有风度，其实却是极端畏惧失败的胆小鬼。他们既不愿为自己的梦想付出最大努力，也不敢接受可能出现的失败，更缺乏把失败作为垫脚石的魄力和智慧。从这一点来看，他们所谓的淡泊，不过是胆小无能的可笑借口，是他们逃避心理的一层掩饰而已。

所谓逃避心理，就是人们在现实生活中，与社会及他人发生矛盾及冲突时，无法自觉地解决矛盾、冲突，反而选择轻易躲避矛盾、冲突的心理现象。值得一提的是，这种心理其实在每个人心中都会出现，是趋利避害这一生物本能的体现。

正是因为趋利避害这一天性的存在，人和其他动物才能不断进化，但这一心理显然也会成为人们追求进步的阻碍。尤其是对那些缺乏勇气、一味逃避的人来说，所谓的不慕名利其实不过是畏惧失败、不敢追求，是一种既消极也无意义的懦夫心态。

正是为了掩饰自己，这些人才会转而装出一副不慕名利、淡泊处世的态度，但倘若眼下的平静被打破，他们必然会惊慌失措、方寸大乱，丝毫没有之前的风度。其实，对他们来说，与其竭力压制自己的羡慕与渴望、挤出故作高深的面孔，还不如效仿那些真正有勇气的人，埋头咬牙去克服苦难。

威尔玛·鲁道夫很小的时候就因小儿麻痹症而致残，一只脚需要靠铁架矫正鞋才能走路，后来又不幸患上了肺炎。然而就是这样一个连走路都成问题的女孩儿，后来却在 1960 年的罗马奥运会的田径赛事中，接连夺得 3 枚金牌，创下世界体坛的一大奇迹。

1940 年 6 月 23 日，鲁道夫出生在美国田纳西州一个铁路工人的家庭，由于患上肺炎和猩红热，鲁道夫意外因高烧造成小儿麻痹，从此她的左腿就开始逐渐萎缩，最终导致无法走路。直到 11 岁之前，鲁道夫始终无法正常走路，只有在穿上铁鞋之后，才能勉强跟上别人的步伐。但在 11 岁那一年，幼小的鲁道夫却毅然决然地脱掉了铁鞋，开始赤着双脚跟着她的几位兄长，一起打篮球玩耍。

看似不可能出现的奇迹，就这样诞生了。仅仅过了 1 年之后，鲁道夫已经完全摆脱铁鞋，并展现出惊人的运动天分。16 岁那一年，鲁道夫入选美国 1956 年墨尔本奥运会短跑代表队，第一次登上了奥运会的舞台。当年，她虽然没能在个人项目 200 米中进入决赛，但却作为美国女子 4×100 米接力队成员，为美国队夺得了一枚铜牌，这一表现已经足以令世人为她骄傲。

凭借着自己的精彩表现，鲁道夫后来又获得了田纳西州州立大学运动奖学金，就此进入大学并再次开始接受苦训。经过又一段时间的艰苦训练，鲁道夫最终顺利入选美国罗马奥运会代表队，并在接下来的比赛中，接连获得了 100 米、200 米和 4×100 米接力 3 项比赛的金牌。不仅如此，原本患有幼儿麻痹的她在这 3 场比赛中，均将对手远远地甩在了身后，并因此博得了意大利人的称赞，被誉为"黑羚羊"。

1962 年鲁道夫退出田径比赛后，并没有选择安享生活，而是开始了自己的教师生涯和教练职业。为了对她表示敬意，在 20 世纪 80 年代时，成立了以她的名字命名、专门用于培养年轻运动员的基金会组织。1983 年鲁道夫入选美国奥运名人堂，1993 年被授予美国体育奖。

1994 年 11 月 12 日，鲁道夫因脑癌病逝，享年 54 岁。为了纪念这位与自己命运做斗争的伟大的运动员，美国邮政于 2004 年 7 月 14 日特意为她发行了一枚纪念邮票。这枚邮票面值为 0.23 美元，一版 20 枚，发行量为 1 亿枚。这也是美国邮政《杰出美国人物》系列邮票的 2004 年版邮票，是这个系列的第 5 枚邮票。

除了鲁道夫之外，我们还能从现实中，发现许多身临"绝境"却奋斗不屈的勇士，如爱迪生、贝多芬、罗斯福、桑兰等中外名人。比起这些真正经历了惨重失败或是人生不幸的勇士，那些畏畏缩缩不肯向前、故作淡泊宁静姿态的人，其实反而令人十分反感。

有些人缺乏竞争的勇气和智慧，便打出所谓"看破一切、放下一切"的口号，但是，只有得到之后才能真正看破，也只有在拿起之后，才有所谓的放下。如果自己一开始就没有进行争取，就连得到和拿起都无从说起，更没有资格大言不惭地标榜什么"视外物如浮云"了。

15 越自恋就越自卑，越自卑就越不安

追求仪表整洁是当代人社交的基本礼仪之一，但有时候我们也会发现一些"讲究"过头的人。这些人在出门之前，经常要花费很多时间清洁面孔、打理发型、选择衣服；等到自己出门之后，也要动辄拿出小镜子，或者霸占其他场所（如商店、卫生间）的镜子，一遍遍地检查。如果一个人的表现已经到了这样的程度，就不能称之为正常，而是自恋这种心理疾病的体现了。表面上的自恋有时还会折射出内心的自卑，越是自卑人就越是不安。

在心理学中，自恋被定义为一种心理疾病，同时也是一种偏离常轨的人格障碍。在现实社会当中，自恋又表现得极为普遍，日常生活中我们经

常可以听到某人被旁人评价为"自恋"。当然，这些人口中的"自恋"可能存在对别人的误解，但也佐证了现代人对"自恋"这一心病并非毫无察觉。

之所以会出现这样的心理，是因为有的人无法把自己本能的心理力量，投注到外界的某一客体上，结果导致这一力量滞留在内部，这才形成了对自我的偏执迷恋。自恋的人都有一个基本特征，就是夸大自我价值、缺乏对他人的理解感受。在他们眼中，自己生来就是比其他人都完美，也强迫被别人认可自己，因此他们总是肆意夸大自己的成就和才干，认为自己与众不同、出类拔萃，并要求别人理解自己。如果别人无法按照这一意愿去做，他们非但不会进行自我反思，反而会认为是自己太过独特，所以才没有人能跟上自己的思维。一般而言，自恋人士主要具有以下 9 种特征：

夸大自身的天赋和已取得的成就；

疯狂渴求成功，对权力、名誉、容貌或爱情有着不切实际的幻想；

相信自己独一无二，认为只有少部分居于高位的人士（机构）才能理解自己，在潜意识里将自己与上位者归为一类；

经常寻求别人的赞美，喜欢别人恭维自己；

认为自己应该享有特权；

不排斥通过夺取他人的利益，来达到自己的目的；

缺乏共情，不能够也不愿意理解他人的感受和需求，只专注自己的事情；

忌妒他人，却又认定别人嫉妒自己；

高傲自大、态度粗鲁，喜欢谩骂他人。

显然，遇上这样一类毛病多多的人，没有人能轻松应付，这也加剧了自恋人士的孤芳自赏。与此同时，这些自恋人士又容易因在意他人目光，而生出敏感、自卑的情绪，表现出另一种局促不安。

每当说起张婧的漂亮时，几乎没有哪位好友会对此表示反对，然而作为当事人的张婧，却从未因此感到安心。事实上，张婧虽然也认为自己漂亮，却又认为别人的话都是虚情假意，没有真正看到自己的"美"。因此每当朋友们称赞她的时候，她反而表现得十分"忧郁"。

不仅如此，不论是走在路上还是坐在地铁里，经常有人会对张婧投来艳美的目光，然而这对张婧来说，竟然成了一种煎熬。她心里始终认为，这些人只不过肤浅地关注自己的脸，而非真正欣赏自己的灵魂。在这种认知的影响下，张婧每次看到路人的目光，心情都会由好转坏，并迅速拉下一张脸，表现得很不近人情。

由于自己总是一副淡漠疏离、孤芳自赏的样子，就连张婧的朋友也下意识地疏远了她，每逢各种活动也不再通知她。甚至在下课之后，她的舍友们也不再叫她一起吃饭、回宿舍。看到身边人的这种表现，张婧愈发觉得所有人都是虚情假意，觉得自己生而孤独，没有人能够理解自己。与此同时，她又开始产生一些不切实际的幻想，认为只要时间一到，别的人就会承认自己、重视自己。

然而她的幻想在现实面前，很快就遭到了"无情摧残"。在一次校园拓展训练上，体育老师要求两人一组进行组队，对于大多数学生来说，这都是一个主动接近帅哥美女的大好机会。然而直到开始组队后，始终都没有哪位同学愿意主动前来和张婧组队，不仅舍友避开了她，就连班里的男生也对这位班花"望而生畏"，宁可去和那些平凡的女生组队。这一切都使得张婧感到十分挫败。

由于内心始终忧郁不解，万般无奈的张婧只好避开所有同学，偷偷去向心理老师进行咨询。听过了她的诉说之后，心理老师当即指出她患有自恋症。这一结果令张婧感到十分愕然。但为了改变自己的处境，她还是硬着头皮接受了老师建议，开始试着理解、帮助他人并主动和舍友进行交流。

在最初很长一段时间里，习惯了疏远她的人都感到并不适应，再加上自恋比较"根深蒂固"，张婧取得的成效并不大。但这一期间，心理老师坚持对她进行各种鼓励和开导，因此张婧还是有了很大的改变。随着时间一天天过去，她身边的人终于逐渐接受了她，直到此时张婧才意识到自己以往的荒谬，并为自己的改变感到了由衷的欢喜。

坦白地说，自恋其实并非少数人的毛病，而是大多数人都有的心理。只不过每个人的自恋程度各有轻重，影响也不尽相同。总体而言，自恋只要超过限度，必然会对正常的人际交往产生负面影响，因此需要我们去克服。

16 事到临头不务正业，是淡定还是逃避

有句话叫作"事到临头抱佛脚"，通常被用来讽刺那些平日从不努力、最后时刻才突然发奋的懒惰者，但在工作和学习中，我们也经常能看到另一类截然相反的人：越是到了紧要关头，他们反而越是不愿付出，甚至还要开小差。相比之下，前者至少可说是困兽犹斗，而后者则看似淡定，其实却是破罐子破摔的逃避了。

表面上看，这些人只是天生懒怠，不知努力为何物，但心理学家却对这一现象进行了更深入的研究。最终他们提出了一个全新的概念——自我妨碍。自我妨碍又称自我设阻、自我设限，是指在表现情境中，个体为了回避或降低因表现不佳所带来的负面影响，而采取的任何能够增大将失败原因外化机会的行动和选择。

渴望成功是大多数人共同的心理，但比起成功，也有一些人更加畏惧

可能出现的失败。为了尽可能地避免因失败带来的惶恐和不安，这些人就会停下手头最紧要的事务，转而去做一些无关紧要的事情。这样做不仅仅是为了使自己暂时安心，更是为了日后一旦失败之时，能够找到"充分"的理由，比如"如果不是在之前干了别的，这样的结果根本就不会出现"等。此外，自我妨碍还有另一种形式，就是提前为自己找好借口。比如一群人组织活动时，总有人会主动站出来宣称自己"不舒服""没准备"，通常这并不是故作谦虚以便一鸣惊人，而是提前给自己找好退路。其中，前者通常被称为行动式自我妨碍，后者则是自陈式自我妨碍，这也是自我妨碍的两大类型。

20世纪70年代，心理学家伯格拉斯和琼斯曾做过一个实验，著名的自我妨碍心理，也正是因此才被发现。他们的实验内容如下：

首先，他们随机挑选了一批大学生志愿者，然后又将这些人随机分成两组，分别去完成一些智力测验的题目。其中，第一组成员遇到的问题相对简单，得到的分数也就更高；而第二组遇到的都是在当时比较难解的问题。等到两组回答完毕，实验者又特意告诉他们，他们都得到了目前为止最高的分数。显然，第一组成员理所当然地认为这是自己的水平问题，而第二组则只能把成功原因归结为运气使然。

随后，两组成员又被实验者告知，他们还要接受第二轮的测试。不仅如此，实验者还表示第二轮的计分会比之前更严格，所有人都不再可能凭借着运气获胜。接下来实验者又为他们准备了两种药物，表示他们可以任选一种服下。其中一种能够暂时提高智力，有助于他们更好地参加测试；另一种则会对智力进行暂时的抑制，影响他们的发挥。最终结果显示，相信"运气"的第二组成员，更多的选择了服用后者，相信自己的第一组则更倾向于服用前者。

接下来，心理学家又对选择第二种药物的志愿者进行了研究。结果表明，这些人之所以这样选择，确实是因为对自己没有底气，害怕在第二轮的测验中惨败，这才想要主动为自己制造障碍，以便在失败后从外部寻找借口。

美国普林顿大学也曾对学校的游泳队成员进行过类似研究，最终他们发现，越是那些心态积极的队员，越是会在比赛前加大训练量，希望借此提高表现；那些心态消极的队员则截然相反，越是临近比赛关头，他们越是喜欢寻找借口，更不会增强训练的强度。关于这种自我妨碍的动机，心理学界尚未有统一的说法，只是提出了两种理论解释。

保护自我价值，保护自尊，维护自我形象

这种观点认为，低自尊个体比高自尊个体更敏感，更容易感受到一些"威胁自我价值的诊断性信息"，因此也就更需要自我妨碍。对于他们而言，自我妨碍更能够起到削弱这些信息的作用，有助于自己维护形象，保持自我价值。这也是伯格拉斯和琼斯两人所持的看法。

保护和提高社会尊严

还有一些心理学家对不同的场合进行了研究，最终发现，身处公众场合的个体，远比在私下相处时更倾向于自我妨碍。不仅如此，那些对自己有着更高要求的高个人导向完美主义者，自我妨碍的频率也远远高于社会导向的完美主义者。但有一点不同的是：比起因畏惧失败而进行自我妨碍的一类人，前者往往并不会在行动上有所松懈，只是想要借助自我妨碍来衬托自己的形象，一旦失败也能留下退路。因此他们更多的是采用自陈式自我妨碍，而非行动式自我妨碍，可说是一种极为高明的印象管理策略了。

如果是出于第二种动机，我们倒无须太过在意，因为这类人内心往往

比谁都清楚，只是故作谦逊的姿态而已；如果是抱持着第一种心理动机，这样的人就很难在学习和工作中取得成功了。

在同班的男生里，吕思齐总是最为安静的一个，这一性格为他赢得了许多同学的认可。与此同时，同学们却又都认为吕思齐太过懦弱、畏缩、懒惰，每次说起他就频频摇头。

在校园里，吕思齐从来不像其他调皮的男生那样捣乱，但他也并不刻苦学习。每天放学后，老师都会提醒同学们课后预习，但吕思齐回到家之后，却总是没有翻开课本的兴趣。偶尔自己翻开书本，他所拿起的也都是一些小人书，书包里的课本则完全成了摆设。

为了追求成绩，各科老师们会定期地进行一些小考测验，以此来敦促学生们努力，但吕思齐也很少有积极备考的时候。自习课上，他周围的同学们总是努力读书，以求在考试中考到更高的分数，但他却拿不出分毫热情。为了打发时间，吕思齐只好像其他少数调皮的学生那样，偷偷地干点别的。

在体育课上，老师经常会组织他们进行各项比赛，通常都是采用男女分组的模式。一般来说，这种分组最能调动男女双方的热情和积极性，但吕思齐的表现甚至还不如一些开朗的女孩子，令人啼笑皆非。每当朋友们推举他上场，他总是会嚅嚅嗫嗫地讲出一大堆理由，什么"昨晚拉肚子不舒服""早上忘了吃饭没力气""感冒了嗓子不舒服喊不出来"……令男生阵营摇头跺脚，女生队伍中一片哗笑。每当看到周围的人这样笑话自己，他反而愈发庆幸自己没有主动出面参加比赛，否则一旦输了就更加丢人了。

看到吕思齐总是这样消沉，他的几位朋友十分不高兴，为了帮助他改变心态，他们就主动地寻找他一起参与活动。当然，每次吕思齐总是免不了一番絮絮叨叨，好在他们明智地选择了忽略，拉着吕思齐就直奔主题。连着几次被强硬打断借口，吕思齐只得硬着头皮勉强上阵，这才发现自己的表现并没有想象中那么不堪。就此，他的心中便播下了名为自信的种子。到了后来，尽管吕思齐还是会在人多的时候偶尔怯场，却已经能够勉强压服内心的畏惧，说服自己走上台前。到这时吕思齐才体会到尝试的刺激和欢畅，那是一种远比躲在远处追求心安的、更令人满足的快感。

鸵鸟在遭遇危险而无法逃脱时，通常不会奋起反击，而是选择把头埋入沙坑，以此来蒙蔽自己的视线。它们认为只要自己看不见，就能够处于安全境地，这就是一种逃避现实、自欺欺人的典型心理。显然，自我妨碍也与鸵鸟心态异曲同工，都是一种欺骗自我、畏惧现实的懦夫心理。

短期来看，自我妨碍确实能够在一定程度上缓解内心的失落，但事后也会伴随着情绪的剧烈反弹。毕竟，即便是进行自我妨碍的个体本人，其实也很明了自己的畏缩和无能，这反而加深了他们内心的惭愧、羞耻。因此，越是倾向于自我妨碍的群体，心中的负面情绪就更多，更容易感受生活的那些不幸。想要改变自己的心态、扭转自己的颓废，唯一的出路就是鼓起勇气和信心，迈出大胆尝试的第一步。

第四章

怪诞行为之下的 "心理密码"

每个人都有不为人知的另一面，在生活中都会时不时地做一些不可思议的 "怪诞" 行为，这些怪诞背后，也隐藏着人的心理活动。本章列举了现代人常有的怪诞行为，选择发生在我们身边的经典案例，并结合相关的心理学知识，带你揭开那些不为人知的怪诞行为背后的心理密码，洞穿人类心理的本来面目，探索怪诞行为心理根源。

01 不经意间的抖腿，抖落了满心秘密

现实生活中，我们每个人都会表现出一些独特的癖好或习惯性的动作，这些动作往往看似毫不起眼，却又蕴含有深意。相信所有人都曾遇到过在工作和谈话中，一边忙碌一边抖腿的人，甚至于我们自己也很可能就是其中一员。

在社交礼仪当中，这种做法通常会被视为"不雅""失礼"，民间俗语又有着"人抖穷，树抖死""男抖穷，女抖贱"等种种刻薄说法。抛开礼节与迷信不谈，这种看似无伤大雅但又惹人关注的小癖好，同时也暴露了一个人内心的秘密。

有一种观点认为，爱抖腿的人属于自我中心主义者，在与人交往的时候即便看似热情，内心也会十分自私。不论在物质层面还是精神层面，他们始终都是以个人利益为出发点，朋友对于他们而言，往往只是利用的工具。

大学毕业之后，出身于软件工程专业的李立强通过应聘，进入了一家IT公司。为了帮助新员工能够尽快熟悉工作，公司给他暂时分配了一位负责领路的老员工柳智飞。

柳智飞也是毕业后进入这家公司，比李立强早6年进公司，因此有着比较丰富的工作经验，年龄上也与李立强比较接近。在一开始的时候，柳智飞就充满热情地带领着李立强，了解公司的各项业务，令李立强感到十分暖心。

在与柳智飞交谈的过程中，李立强很快就发现他有一个明显的癖好——抖腿。其实在以往紧张忙碌的时候，李立强偶尔也会有同样的举

动，但柳智飞即便是在普通的聊天场合中，也会大幅度地抖腿。早在大学时，李立强就选修过心理学的课程，也听说过"爱抖腿的人自我、自私、自利"这一说法，但看着柳智飞这位热情的领路人，他却有些怀疑。尤其是在接下来的几天里，柳智飞总会在下班后拉着他一起吃饭，趁机为他继续讲解一些公司的事务，而且每次都是他自己买单。柳智飞的这些做法，赢得了李立强内心的更多好感。

3个月后李立强通过试用期，成为公司的正式员工，并很快就以自己的工作业绩，取得了上司和同事的认可。此后，在另一个小组担任领头柳智飞，也开始经常"麻烦"李立强。对于这位领路人的请求，李立强自然是不敢怠慢，但随着时间一久，李立强也开始感到力不从心。

最开始的时候，李立强经常私下帮助柳智飞分担一些组内工作，但随着自己展露才华，公司分配给他的事务也越来越多。李立强原本想着到时候柳智飞就会体谅自己，然而对方看起来却丝毫没有这个"觉悟"。每当李立强面露难色，柳智飞都会搬出自己过往的"恩惠"，使得李立强十分无奈，心中也十分不快。不仅如此，李立强还发现，柳智飞在平时的工作中，也总是借着各种名义拜托别人帮他做事儿，公司大部分同事或多或少都有些怨气。

有一次，李立强负责的项目正到了关键时刻，柳智飞却在这个时候要求李立强帮自己"解决一些小问题"。这一次李立强实在无法接受，于是明确表示拒绝，然而柳智飞却并不买账。由于年轻气盛，李立强最终与柳智飞在办公室里大吵大闹了一番，最后就连上司也被惊动了。

事情发生后，公司的舆论也大多偏向于年轻的李立强，而非富有资历的柳智飞，这一情况也引起了上司的注意。仅仅半年之后，柳智飞就被公司辞退，他的工作也被他人接替。对于柳智飞的走人，公司同事们自然都表现出理所当然的模样，并没有什么惊讶的情绪。

　　除了自私自利的人喜好抖腿外，大多数人在生活中也都会做出这一动作，一般这种情况很有可能是自我保护的心理在作怪。如果细致观察的话我们就会发现，许多人在被采访的时候，都会做出这样的举动，就连一些知名人士在面对公众时，也是这样表现。这在心理学上被视为是一种弱化的应激条件反射，也就是所谓的惊跳反射。

　　此外，大多数人最常见的抖腿原因，就是缓解精神压力。在生活和工作中，我们每个人都会遇到一些麻烦事，使我们的内心充满了紧张情绪。这时候，抖腿往往最能缓解我们的精神压力。心理学家曾经专门研究过人体的身心关系，最终发现：只要对身体的某个部分进行连续的、小小的刺激，就能通过中枢神经来刺激大脑，起到放松神经的作用，而抖腿正是这样一种被人们自行"开发"出来的有效动作。

　　在课本中，人被定义为一种有智慧的高级动物，从其中的"动物"一词，也就可以看出端倪。人们在坐下的时候，通常都需要尽量保持不动，但不动这一要求，本身即是对动物天性的悖逆。在久坐之后，人的精神并不会得到休养，反而容易陷入疲惫，因此就会本能地通过一些动作，达到缓解疲劳、刺激大脑的目的。

　　从这个角度来看，抖腿不但不是什么坏毛病，反而能够起到平衡内心的作用，但长期的抖腿习惯，也会造成一些健康问题。之前就有新闻报道了这样一则快讯：国内一名大三学生由于长期抖腿，最终引起脚掌疼痛，然而当事人却没有在第一时间加以注意。仅仅过了2天之后，这位学生脚掌的同一部位就再次发痛，甚至到了不能下地行走的地步。最终经过诊断才发现是左侧距骨内侧缘撕脱性骨折，这一诊断结果令他本人十分震惊。

　　如果说这种病例只是偶然，那么抖腿对现实工作的影响，就是实实在在的了。在讲求礼仪的时代，抖腿无论如何都是一种极为失礼的举动，同时也会暴露当事人的紧张心理，从而给人留下破绽或不佳印象。

　　高杨在从小读书的时候，就养成了抖腿的习惯，为此还经常影响到邻座的同学，没少受同桌的白眼。就连强调"坐有坐相"的老师，也曾对他进行过批评，但他还是把这个习惯一直带到了大学里。

　　在读书期间，高杨也曾参加过许多活动，但每次站到台上的时候，他就开始控制不住自己的紧张。偶尔有些时候，他也能突然表现得比较"淡定"，但与此同时，他的双腿却总是不听使唤地抖动个没完没了，为此引来台下的一片窃笑，而台下越是出现笑声，他的反应也会变得愈发激烈。

　　大学毕业之后，高杨走向了社会，他在找工作的过程中，一个很重要的环节就是面试，由于爱抖腿这个毛病，高杨又吃了好几次亏。

　　以学历而言，毕业于名校的高杨其实很有优势，只是如今的大部分公司都不会只看学历，而是更注重一个人的综合素质。尽管学历摆在那里，高杨在每次面试时，还是会因为紧张而抖腿，为此好几家公司的面试负责人都皱起了眉头，并在面试后告诉他"等待通知"。就因为抖腿这个改不了的毛病，高杨先后经历了好几次挫败，甚至还曾与一家市内著名的大企业失之交臂。直到最后，他才凭借着自己的专业知识，得到了一家公司的青睐。

　　入职之后，高洋的表现还不错，但由于年轻缺乏经验，他的工作进度没能完全跟上。很快地，公司领导就按照惯例，要求所有员工汇报自己的工作成果，听到这个消息后，高杨只得打算硬着头皮暂时先瞒过去，然后再补上。

　　在向领导汇报期间，高洋始终坐立不安，不仅腿抖个不停，甚至他的脚也在地面上来回地画圈儿。慧眼如炬的领导不久就察觉了他的这一举动，再听着他竭力掩饰的话语，很快就对一切了然于胸。于是他主动打断高杨的"汇报"，并问他，工作是不是根本没有取得进展。

　　听到这一质问后，高杨立即愣在当场，再也说不出半句话。领导见状更加确定了自己的看法。念在他初来乍到的情况下，领导只是对他进行了一番小小的批评和指导，这才使得高杨放下心来。

著名词人苏轼曾写有"八风吹不动，端坐紫金莲"的诗句，在现实生活当中，这样的淡定气度，显然要比冒失的频频抖腿强上许多。除了抖腿以外，许多人还会通过各种无意识的小动作，如转笔、搓手、搔头等，以此来舒缓内心的紧张，但这些举动都会无意间暴露自己的真实心理，因此需要我们努力去改变。

02 爱吸烟是烟瘾难戒，还是心瘾难戒

在不吸烟的人士眼中，缭绕的烟气不仅毫无美感，反而是呛人的毒气；在嗜烟如命的人眼中，却没有什么是比抽一支烟更好的事情了。老烟枪们最常挂在嘴边的一句话，就是"饭后一支烟，赛过活神仙"，可见他们对烟的喜好到了何种地步。

很多时候，人们都只是把吸烟视为一种多年养成的不良习惯，就连老烟枪们也大多不会反对这一说法，只是会在别人偶然劝谏、指责的时候，坦然一笑了之。在心理学家看来，嗜好吸烟却不仅仅是一种习惯，更是一种心瘾。

现代社会的生活和工作节奏都很快，这也就意味着我们每个人要承受更多的压力。当我们好不容易完成一项事务、终于获得片刻轻松时，难免需要通过一些渠道来发泄内心的积郁。通过短暂的"吞云吐雾"，老烟枪们还可以获得一种巨大的满足感，因此香烟也就理所当然地成为了首选。

在面对工作的压力时，每个人都想过要发泄，但大多却无法真正抽身，因此只好选择一些与工作可以同步进行的活动来进行缓解，比如之前

提到的抖腿也属于其中之一，但是仅凭抖腿这一动作，有时候根本不足以放松精神，这种时候，嘴里叼根儿烟就更能使人安心。

以出生时间段进行划分，人在成长的过程中，要先后经历口欲期、肛欲期、性蕾期等好几个阶段，其中的口欲期则是在 1 岁以内。这一时期婴儿主要是通过口来探知世界，如吃奶、吃手等，尤其是当自己含着母乳的时候，婴儿就更能感到安心。即便日后长大成人，这一习性还会保留在内心深处，叼一根烟显然与这一心理相符合。

如果仔细观察我们还能发现，进入现代社会以来，女性烟民的数量明显增多，尤其是生活在繁华的城市里，烈焰红唇轻吐烟云的场景并不罕见。但通过深入调查研究显示，女性的吸烟和男性其实有着很大不同。现实当中，男性大多数是为了缓解压力才染上了吸烟习惯的；女性更多的是出于追求潮流、标榜时尚的目的。除此之外，一些遭逢巨大打击或是缺乏安全感的女性，也会为了转移注意力而加入烟民的队伍。

刘女士在一家大型企业担任部门总管，这在企业高层女性比例不高的现实情境下，显得十分突出。然而刘女士虽然事业顺遂，感情生活却十分不如意，在结婚 10 年后，最终还是选择了与对方离婚。

离婚之时，正值刘女士事业的鼎盛期，当时她也分管着公司的重大事务，因此并不感到轻松。恰好在这个时候，她偏偏遭受到了离婚这一重大打击，工作也受到严重影响。很快的，工作上的失误也引发了一系列后续问题，可谓是祸不单行。

为了尽可能地挽回不良后果，刘女士只得咬紧牙关打起精神，处理堆积成山的种种文件，每天甚至要到 11 点以后才下班，比起公司的下属员工还要晚许多。下班之后，刘女士还要孤零零地一人回家，形单影只显得十分落寞。

然而即便回到家中，原本的枕边人也早已离去，因此刘女士依然只能面对空荡荡的屋子，再没有一个可以诉说的人，而自己的强势性格，也不容许她轻易掉眼泪。正是在这一时期，刘女士开始加入烟民的行列。从此之后，公司的员工不论是上班办公还是下班回家，总是能看到刘主管夹着香烟优雅吞吐的姿态，在最初的惊异之后，他们也逐渐习惯了这一幕场景。

其实，缺乏安全感的刘女士最初也想过要用其他食物代替，但是作为公司的领导，不停地吃零食显然不如抽烟那么"庄重"，而且女性爱美怕胖的心理，也不容许她将零食带在身边。这也是刘女士后来选择香烟的原因之一。久而久之，她对香烟的依赖也就愈发严重了。

为了缓解压力而吸烟，是许多烟民最开始时的心态，但也有一些烟民并非出于对现实工作的压力，而是对阶层的焦虑。尽管吸烟被视为有害健康，但烟不但没有被各国禁止，反而衍生出了不同的档次、品级。在许多人眼中，高档的香烟就和名牌手表、潮流服饰一样，都是可以用来扩充颜面、摆谱端架的装饰，这就是一些上层人士选择香烟的原因。

有一句话叫作"上有所好，下必甚焉"，既然上层人士选择了香烟，那么一些对目前情况不满的人，自然而然也会跟风模仿。限于自身的经济实力，他们无法购买昂贵的名烟，但市场上却从来不乏廉价的可替代产品。这样一来，香烟就迅速地风靡于人群中了。在心理学家看来，这些人与其是在消费香烟，倒不如说是香烟背后的层级符号，说到底更是对自身不满、焦虑、虚荣等心理在作祟。

以上这些吸烟的情况，都是出于焦虑不安等负面情绪，但也有一些人是出于获取积极情感反应的需要。中外历史上许多名人都以嗜烟如命著称，如海明威、丘吉尔、纪晓岚、鲁迅等。

显而易见的是，不论是为了发泄焦虑，还是为了追求轻松，吸烟都是一种对健康损害极大的恶习，像丘吉尔那样嗜烟如命却活到 90 岁的，终究只是少数。对于大部分人而言，吸烟都是一种应该改掉、也可以改掉的行为，只是取决于个人的决心和毅力罢了。

马克思因为长年伏案写作而开始吸烟，最后甚至发展到将烟放在嘴里嚼的程度，烟瘾之大可见一斑。在他流亡巴黎和伦敦的岁月里，尽管生活贫困到了需要典当的地步，但他还是把雪茄作为生活必需品，人们每次看到他时，他的嘴里总是叼着烟斗或雪茄。

在完成《资本论》的过程中，马克思由于工作强度而大量吸烟，以至于自己后来都感叹说，《资本论》的稿酬甚至还不够偿付写作它时所吸的雪茄钱。由于晚年生活极端困难，他不得不改吸劣质香烟，并向友人幽默地表示"吸得越多，节约越多"。

由于长期的极度劳累和大量抽吸劣质香烟，马克思的健康每况愈下，因此在他50多岁时，医生终于明确表示禁止他抽烟。对于嗜烟如命的马克思而言，戒烟近乎于一个不可能完成的任务，但鉴于自己肩负的重大使命，马克思最终还是毅然戒除了已经长达数十年的吸烟习惯。

有一次，马克思的朋友列斯纳前去探望他，此时他已经很久没有吸烟了，并且表现得十分激动。经过长期的自我斗争，马克思最终把香烟彻底赶出了自己的生活，这一成功甚至连他本人都不曾想到过。

戒烟一事无论多难，终究还是难在了吸烟者个人心里，成功与否就更是取决于个人的意志和毅力。对于每个人来说，不论是缓解焦虑还是追求快乐，都应该选择更加积极的途径和方法，而不是靠着损害健康的吸烟方式来填补内心。

03 说话捂嘴是有所欺瞒的表现吗

在与人交谈的时候，有的人总是唾沫星子四溅、滔滔不绝，还有的人则会表现得十分温柔。尤其是一些女孩子在说话的时候，总是要捂住自己的嘴巴，看起来十分娇羞的样子。

心理学上有一种观点认为，人在谈论到与自己有关的事情时，通常并不会采取直观的态度，尤其是那些内心自卑、敏感、封闭的人，更会百般地遮掩自己。在心理学家看来，捂嘴这一微小动作，其实恰恰证明了谈话者内心有所隐瞒，不值得百分百地信任。

然而凡事总有例外，仅凭捂嘴这一举动就彻底否定一个人的真诚，显然也过于武断了。事实上，爱捂嘴的这一类人虽然有着自卑封闭的心理，但为人通常都很温柔、和善，十分易于相处。

张祥与陈依依是在朋友的介绍下认识、相恋并结婚的，但在两人一开始交往的时候，张祥对陈依依其实并没有多少好感。在他看来，陈依依虽然不是那种贪图虚荣的物质女孩，但却表现得过于"深沉"，令他心中十分忌讳。

每次约陈依依出来之后，两个人不论去到哪里，总是张祥一个人在寻找话题，大部分时间里，陈依依都只是低着头笑意浅浅，偶尔说两句话或是笑的时候，也都要习惯性地捂着自己的嘴。虽然温柔的女孩子总是受人喜爱，但陈依依却从不对约会的安排和张祥本人表露看法，张祥因此总是怀疑陈依依对自己并无感情，觉得那是在敷衍自己。

不久之后，张祥的家中突然出现一些变故，他下意识地觉得自己和陈依依的感情要走到尽头了，但得知了他家的变故之后，陈依依反而极力安慰张祥，并帮助他一起照料家中事务。她的这一表现反而令张祥目瞪口呆。

在陈依依的鼓励下，原本有些颓废的张祥也打消了内心的退缩和猜疑，开始全身心地为解决家中变故而奔走。等到一切尘埃落定之后，他当即向陈依依求婚。面对张祥拿出的求婚戒指，陈依依仍是紧紧地捂住了嘴，但与之前不同的是，这一次相伴的还有重重的点头以及从眼睛里流出的感动泪水。

捂嘴的举动容易给人留下深沉、虚伪的印象，但做出这一动作的人，往往并不是虚情假意之人。经过调查发现，捂嘴的人在与人交往的时候，通常都会表现得十分害羞，哪怕是面对亲朋好友，也会羞于表明自己的真实想法。

因此在恋爱的时候，捂嘴的人也总是不够落落大方，像是一个闷罐子，令对方不知如何是好，然而他们越是这样，其实反而越说明他们性情温柔，善于体谅，易于顺从。这样的人在生活中，往往特别善解人意、小鸟依人，对另一半格外重视。

在交谈中喜欢捂嘴的人，虽然羞于谈论自己，可他们也有着主观意识淡泊、不因喜恶而动的一面。因此，不论是谈及自己也好，还是议论他事也罢，他们都能够展现出理智、客观的态度，说出的话反而更加值得听取。此外，这一类人的情绪也比他人更加稳定，能够克制自己的冲动，不会因一些鸡毛蒜皮的小事而走向极端。

不过凡事总有例外。偶然我们也会见到一些捂着嘴故作矜持，但讲话时却口若悬河、没有丝毫遮掩的人，这样的人虽然看起来热情坦诚，但内心却往往虚荣，甚至还会打自己的小算盘。这一类人不仅性格外向，而且对外界有着极为主观的看法，通常都不会因别人而轻易改变。

04 谈话之时小动作频频，看似开怀却并不走心

打电话的时候，一些人总喜欢做各种各样的动作，比如一只手拿着手机，另一只手却百无聊赖地拿起各种东西，或是干脆抽出纸笔胡乱涂鸦。除了打电话之外，一些人在当面和人交流的时候，也会做着种种小动作，

如摆动勺筷、拨弄吸管等。

在心理学家看来，无论是打电话时不安分的另一只手，还是面对面交流时的种种小动作，都是当事人内心紧张不安的说明。如果仔细观察就会发现，当人们相谈正欢的时候，这些动作一般都不会出现，只有在面对比较枯燥的谈话，或是上司的责问时，他们才会做出这些奇怪的举动。这个时候，当事人虽然会挤出开怀的笑容，但其实却并不走心。

根据研究表明，当人面临精神压力之时，通过肢体的动作可以起到刺激大脑、缓解压力的作用，这正是人们会下意识地做出各种动作的原因。这在心理学上也被称为"代偿行为"，与之前所提到的转移行为有着异曲同工之妙。但比起转移行为，代偿行为显得要"温柔"许多，通常也不会因当事人情绪失控而造成过于恶劣的后果。

仅从这样的角度来理解的话，代偿行为似乎情有可原，但有些时候，这种表现也并不是一个良好的讯号。尤其是在一些重要的场合之中，谈话的一方如果做出这样的举动，往往就会给对方留下不佳的印象，造成一些误会和麻烦。

在平素与人相处时，王莎莎总是表现得活泼好动、热情开朗，深受身边朋友和同事的喜爱，但有时候她也表现得过于缺乏耐心，听不进别人的话。当别人说起这一情况的时候，她也总是哈哈一笑了之，身边的人也只好作罢。

等到自己工作稳定后，婚事便成了王莎莎父母念叨最多的一件事，有过短短两次恋情但都无疾而终的王莎莎，心中也十分渴望能有一份稳定的感情，但不论是父母安排、同事介绍还是自己寻找，王莎莎始终都没有遇到一个心仪的男子。

直到有一天，一位同事向她介绍了分公司的同事彭航，彭航那阳光帅气的面孔、优雅不俗的谈吐和彬彬有礼的举止，瞬间就赢得了王莎莎的好感。尤其是彭航不仅个人优秀，家境也十分优越，这一切都令王莎莎心动。

对于王莎莎这位漂亮而不失爽朗的女孩，彭航也颇为认可，何况两人算起来还有着同事关系。在同事的几次牵线搭桥下，作为男生的彭航主动约王莎莎单独出来见面，王莎莎听到后当即就答应了他。

由于这是两人的第一次约会，彭航对此十分重视，不仅选择了一家安静、有格调的咖啡厅，还早早地就等在了那里。等到王莎莎如约而至，彭航也感到十分开心；但在接下来的约会中，他却有些摸不准状况了。

在谈话的过程中，彭航始终都在想着寻找话题，以便双方更加深入地进行了解，但王莎莎却显得心不在焉。等到侍者将饮品端上来后，彭航正想着如何展开话题，就发现王莎莎小动作频频，要么自顾自地摆弄着饮料吸管，或是对着桌上的纸巾折来折去，一点都没有想要搭腔的样子。

看到王莎莎这样的举动，彭航自然而然地认为她对自己还有抵触心理，对约会也并不上心，想到这里，他的心中顿时一沉，也失去了开口的欲望。就这样，整个约会的过程显示着出奇的安静，很快彭航就表明了"结束"之意。约会结束后，原本还在考虑要不要接受彭航送自己回家的王莎莎，却听到对方表示有事要先离开，这一意外结果令她十分愕然。

事后，王莎莎只得向同事诉说，同事又只得去彭航那边询问缘由。得到了彭航的解释后，她这才哭笑不得地向彭航解释了王莎莎的性子，回来之后又"恶狠狠"地劝导了她一番。直到此时，王莎莎才得知自己一时的无心举动，竟然在无意间成为了约会失利的导火索。

活泼好动是许多年轻人的天性，但在比较正式或重要的谈话场合中，却还是要尽量做到遵守礼仪。否则，自己一些天然养成的小动作、小习惯，也很有可能会被对方误认为自己并不上心，使对方觉得受到轻视和不尊重。

在面对面进行交流时，一些人可能会更加收敛，但如果是隔着手机进行对话，他们就会"原形毕露"。打电话的时候，每个人的表现总是千奇百怪，从他们各具特色的动作中，也可以揣摩出他们的一部分心理。

双手握住话筒

这样的动作经常会出现在女性身上，通常这种类型的女性都更加感性，容易因他人而产生情绪波动。偶然有一些男性也会表现出这样的姿态，但这种模样自然会显得十分阴柔，这一类男性往往优柔寡断，难以在工作和生活中做出取舍。

把手机夹在肩膀上

在工作期间接到电话，大多数人都会暂时停止手头的事情，但有一些人却迥然相反。无论是谁的电话，他们都会歪着头用肩膀夹住手机，一边谈话一边继续赶工。这种人一般喜欢谋定后动，讨厌犯错，但遇事容易分不清主次轻重。

握住话筒的上端

握住话筒上端的人普遍比较自我、强势，尤其以女性居多。这一类人在生活和工作中，往往只强调个人感受，却对他人的想法缺乏尊重。只要自己心中稍有不满意，他们就会大发脾气，让别人感到十分难堪。

住话筒的下端

有的人通常都会把手机握得很低，一如他们在平日里表现得那样谦恭、处下。比起喜欢握住电话上端的强势人士，他们通常外圆内方，既能坚守原则，也会与人和睦相处，但在他们看似温驯的外表下，也隐藏着刚烈的意志，只要是他们认定的事情，就一定会努力去做。

手机与耳朵隔开一定距离

这种动作一般以女性居多，男性则很少出现。这一类人通常都十分热忱、开朗，内心充满自信且十分好强，会为了博得他人的关注而竭力表现。

边说话边拨弄电话线

这一动作也是女性身上十分常见的。喜欢做这种动作的女性往往内心细腻、多愁善感，懂得体谅、关怀别人。如果是男性则心性乐观、浪荡不羁，容易受到人们的欢迎。

边说边走

有一类人无论此前工作多么繁忙，一旦接到电话就会起身边说边走，这种表现也说明了他们内心并不喜欢刻板的事务，对新鲜事物充满热情。比起别人，他们有着更为强烈的好奇心，同时也更加善于做出决断。

面部表情丰富

接起电话后，即便知道对方看不到自己，有些人还是会不由自主地挤眉弄眼，看起来十分诙谐有趣。这种人通常都感情丰富，并且不善于掩饰自己的内心。但有时候，他们的内心也会十分浮躁，无法沉下气来做事，给人留下轻浮莽撞的印象。

05 挠头不仅是因为害羞，更是想要博取眼球

许多人在进行交流的时候，都喜欢做出挠头这样的小动作，心理学家对此有一个说法，叫作自我接触。所谓自我接触就是，人在情绪出现波动或陷入紧张时，通过与自己的身体某一部分进行接触，就可以起到抚平情绪、化解紧张的作用，也就是说，挠头其实并不仅仅是因为害羞而已。

对于一部分人而言，挠头的动作既轻微，又不会显得过于失礼，很适合在自己受到众人议论时使用，这是一种谦虚的姿态，但对于另外一些不安分的人来说，挠头也有着另外一重含义。出于紧张或不自信的心理，有些人也会通过挠头来安抚自己、博取眼球，这样的做法显然是故意要酷的一种。

显然，在这个讲究"做人要低调"的社会里，这样的姿态并不见得是件好事。或许一些人会自我感觉良好，但落在外人眼中，这反而是一种轻浮失礼、不够沉稳的表现。

在同学眼中，王志华是一个极其强调个性的人，这一点连他本人也从不否认。比起身边的朋友，王志华特别在意别人的关注，也特别喜欢要酷，所有人都知道他有一个标志性的动作——挠头。

和许多人因受到褒奖或批评而害羞不同，王志华即便是在谈论与自己无关的事情时，也总要时不时地将一将头发，有时说得兴起，甚至还会甩一甩自己的头发。由于自己长得较帅，他的这一举动确实显得十分个性，他的自我感觉也十分良好。

有时候，王志华的这一举动，也会带来一些负面的效果。在他刚刚毕业、走向社会的时候，他好几次就因故意要酷而弄巧成拙，险些坏了大

事。在面试的时候，养成习惯的王志华总是会在说到关键之时，不由自主地挠头，但这一举动往往就被视为不够自信的表现。还有一些面试人员则觉得他过于自我、轻浮，也对他的观感不佳。

入职之后，王志华主要负责与客户沟通方面的事务，性格外向的他也认为自己一定能够干好，但经过一段时间的工作，他却发现那些客户们往往并不乐意和自己打交道。在私下议论的时候，公司的许多客户和同事也都对他观感不佳，认为他过于傲慢、浮躁，不太能够相信他说的话，或是不愿与他共事。显然，这些看法很大程度上都是因为他的挠头，还有其他一些故作潇洒的小动作引起的。

不好意思的挠头或许还能被视为谦虚，但故作姿态的耍酷就是适得其反了。还有一些心理学家也将挠头视为自恋和完美主义倾向的表现，这一结论显然并不是什么太好的评价。因此在生活当中，我们应当注意自己的这一习惯，对自己的心理健康进行适当的调整。

除了挠头以外，自我接触往往还会体现为别的形式，如挠耳、挠脸、摸鼻子、抹下巴等，不一而足。经过长年的习惯和约定俗成，挠头已经成为人们下意识的固定看法，在某种程度上也成为了害羞的专属动作。

06 填满的是肚子，填不满的是空虚寂寞的内心

进入超市，我们必然能够看到摆满了的各种零食，光是看着精美的包装，就足以调动我们的味蕾。时下许多年轻人不论是在家还是上班，都要事先准备好许多零食，甚至就连工作时，嘴里也很有可能塞得满满的。当说起自己的嗜吃如命时，这些人往往也并不介意被冠以"吃货"的名义，甚至还会以此为乐。

通常情况下，一个忙于工作或其他事务的人，都不会有吃东西的闲心，只有那些内心空虚寂寞、急需打发无聊时光的人，才会做出这样的举动。其实，想要排遣寂寞时光，我们有的是更加积极健康的方式，相比之下，吃东西也就说明一个人内心已经空虚到了极点。

试着回想一下就会发现，在我们坐在家里看电视或者阅读的时候，有时候也会顺手拿起茶几上的吃食，哪怕当时我们刚刚吃过饭，肚子并没有传达出饥饿的信息。只是由于我们内心太过百无聊赖，看电视等行为也无法让我们彻底安心，这才会下意识地想要让嘴动起来。

研究显示，当食物与人体嘴部的皮肤进行接触时，食物既能够通过皮肤神经，给大脑中枢传递安慰的信号，使人通过与外界物体的接触而消除内心的孤独；另一方面当嘴部接触食物并做咀嚼和吞咽动作的时候，也可以转移人的注意中心，缓解内心的紧张和焦虑，从而在大脑的摄食中枢产生另外一个兴奋区，使紧张兴奋情绪得到抑制，最终使身心得以放松。有时候家长看到孩子吃零食，就会抱怨他们贪吃或怀疑没吃饱，这种想法显然是错误的。

有些人喜欢在工作期间吃一点儿零食，尤其是女性更喜欢这样做。表面上看这只是她们肚子里的馋虫作怪，但事实却非如此。由于胃口容纳量小于男性，女性在朝九晚五的工作期间，更容易消耗体能和精力，这也就意味着她们更需要额外补充。因此她们吃零食与其说是解馋，倒不如说是解乏。当然这也就引申出另一个问题：必须要选择合适、健康的零食。

还有一类人则是在受到打击、心情郁结的情况下，通过不停地吃来安慰自己，并称其为"化悲愤为食欲"。当负面情绪或精神压力折磨着我们时，嘴里狠狠地嚼东西确实能够刺激味觉，进而起到宣泄压力的作用，但是，这种方法往往会显得过于极端，最终反而给自己带来伤害。

都说毕业季是分手季，然而刘雨馨和她的男朋友，显然就是个例外。

最初参加工作时，刘雨馨与男友租住在简陋的地下室中，生活十分拮据，然而刘雨馨却始终对男友不离不弃。

好不容易等到3年之后，男友的工作终于有了起色，然而令刘雨馨没有想到的是，她的男友竟突然提出了分手。面对男友冷漠离去的背影，再想想这几年来自己的付出和委屈，刘雨馨瞬间感觉到整个世界轰然倒塌。

虽然男友负心离去，自己的生活和工作总归还要继续，然而此时的刘雨馨心如死灰，只觉得一切都失去了意义。正是在这一时期，听信"化悲愤为食欲"的她，开始了自己暴饮暴食的生活。在潜意识里，她也知道自己的这种行为不利于健康，也担心过度饮食会引起肥胖，但她越是害怕，反而越是因焦虑而不由自主地咀嚼食物，几乎就要发展成为暴食症了。

看到刘雨馨自暴自弃的样子，她的闺蜜们在痛骂其男友负心之余，对她的这种做法也十分担忧，私下更是不止一次地劝说她早日走出阴影，然而每当想到以往的彼此恩爱、今日的形单影只，刘雨馨刚刚涌来的一点振作念头，立马就荡然无存了。

由于长期的暴饮暴食，刘雨馨的体重急剧增加，身形也变得很胖，遇到一些很久不见的同学，她们甚至都没能认出眼前这位，就是曾在班里与其余几位美女并称的"班花"。看着同学们惊讶的眼神，再看看镜子里体型臃肿的自己，刘雨馨反而更加自暴自弃。

一个连自己都放弃了的人，工作的效率和成果也可想而知。早在自己还没有成为一个胖子前，她公司的领导就已经对她的敷衍工作、意志消沉进行了批评，希望她能够尽快转变；随着刘雨馨的表现愈发糟糕，公司最终只能将她辞退。此时的刘雨馨既失去了恋人，又失去了工作，更重要的是失去了整个自我。

这样的情况整整持续了2年，此后随着时间推移，刘雨馨才逐渐走出过去的阴影，这个时候她又偶然见到了被前男友牵在手中的一个妙龄女孩。看着对方精致的五官、苗条的身材和温婉的笑容，她突然感到十分不甘：毕竟，她也曾是各方面都不输于对方的优秀女孩啊！正是在此之后，她才突然有了改变自己的决心。

节食、健身、学外语、学乐器、学厨艺……此后，这些事情逐渐占据了刘雨馨的生活，除了每天的休息和工作时间之外，她都在不停地忙碌着，甚至还拉上了自己的几位闺蜜监督自己。在此后的 1 年中，她的闺蜜们就这样看着她的体重一点点减下去、厨艺一天天好起来，她脸上的笑容也变得多了起来。至此，那个原本风姿绰约的女孩儿终于再度归来。

许多人在受到刺激后，都会变得暴饮暴食，但这种做法非但不能排解心胸的郁闷、填补内心的空虚，反而更是给自己的身体和肠胃添堵。在心情低落的时期，人们往往一不留神就忘记了自我控制，最终因暴饮暴食而引发许多身体疾病。

对于陷入伤心绝望的人（尤其是女性）来说，发泄情感其实有着许多更加有效的方式，比如哭泣、倾诉，更重要的是千万不能丢失了积极向上的心态。纵然一时难以承受悲痛，也要用最后的理智提醒自己振作、奋发，而不是一味地沉沦在内心空虚的世界中。

07 不爱出门的人一定患有自闭症吗

随着科技的进步和互联网的发展，不出门而知天下已经成为现实，与此同时，"宅"的文化也开始悄然出现。所谓"宅文化"，是在相对私人的空间里专注自己追求的一种生活方式的文化，对此，人们还有一个通俗的称呼——"家里蹲"。

表面上看，"宅"就是躲在家里不肯出门的自闭行径，但事实上，自闭心理与"宅"有着本质的区别。所谓自闭，是指合并有认知功能、语言功能及人际社会沟通等方面的一种特殊病理，一旦患有严重的自闭症，患者的社会生活能力也会出现显著困难；"宅"的人除了不喜欢出门外，在人际交往和思维言行方面与常人并无区别。显然我们可以看出，自闭是一种病态的自然反应和自身缺陷，"宅"仅仅是一种新时代的生活态度和方式。

有了互联网之后，许多年轻人即便不出家门，也完全能够了解到世界上发生的事情，并凭借着互联网的便利和自己的才能，足不出户地完成工作、赚取财富，同时还省下了许多毫无意义的人际交往。尽管老一辈人往往会对家中这样的年轻人产生忧虑，担心他们生活过于封闭，但事实上他们却过得十分幸福。

从文化起源来看，"宅"主要是随着动漫和计算机游戏的出现而诞生的，首次提出则是在日本，但从心理学的角度来看，"宅"之所以能够成为风靡当今时代的年轻人生活方式之一，其背后也有着深层次的心理原因：

性格内向

人们把羞于交谈的人视为内向，但内向的人却并非都是不爱交流，也有很多是因敏感、自卑而担心被拒绝。但在虚拟的网络世界里，内向的人完全可以摆脱面对面的交流模式，也就完全不必担心被拒绝，反而能更轻松地与人交流。因此，这一类"宅人"其实并不反感与人互动，反而更加迫切地希望与人建立深层次的人际关系，以此来满足自己的情感需求，从而得到归属感。

社交恐惧

不可否认的是，确实有一大批"宅人"是因社交恐惧才选择"宅"，他们之所以恐惧社交，抑是因为他们从小没能培养起完善的社交技能，抑或是在成长的过程中，经历过不为人知的惨痛失败。出于这些原因，他们才会对社交产生焦虑、恐惧等心理，成为"家里蹲"的一员。

内心迷茫

相比经历过一段艰苦时期的长辈，当今许多年轻人都是温室里的娇弱花朵，没有体验过苦日子。在社会竞争愈发激烈的今天，这些人既缺乏足够的生活能力，又没有足够强大的意志，心中也就看不到人生的目标和希望。出于对未来的恐惧和人生的失望，他们宁愿躲在家里"啃老"，属于生活的逃兵一类。还有一些人尽管上了年纪，却依旧事业平平不见起色，因此又会心生倦意、耻于见人。还有一些老年人也会因为与儿女分家，或是退休后生活圈子乍变而产生心理退缩，成为老年"宅人"。

压力太大

现代社会的生活节奏太快、工作强度很大，这也就意味着每个人心中都要承受更大的精神压力。等到工作中的问题得以解决，人们的精力也所剩无几，社交自然就成了一件苦差事。这个时候，减少社交反而能够起到保养身心的作用，"宅"自然也就成为人们喜爱的生活方式了。

从以上原因进行分析的话，"宅"非但不是自闭，反而有助于人们自我反省、调整身心、平复情绪，起着十分积极的作用。如果沉溺于"宅"的生活方式，也会使许多人失去真实沟通的能力，忘记该如何与人亲近、相处。这不仅会造成难以建立内心和谐所必需的亲密关系，甚至还会引发一些问题。

陈鑫是一名大四的学生，由于自己不想考研，他的大四时光可谓十分轻松惬意。虽然工作还没有定下，陈鑫却没有任何焦虑，满心只想着好好享受一下大学的最后美好时光。

在这最后一年的时间里，陈鑫几乎足不出户，大部分时候都是在电脑边和游戏一起度过的。由于网络和便捷的校园服务，他几乎没有踏出过宿舍门，平时的吃饭、购物也都是通过手机下订单来完成。基本上每天起床之后，陈鑫就会打开电脑，游戏要是玩累了他就转而刷微博、逛论坛。由于长期不出门，他现在只要一出门看到那么多的人，就会觉得特别不自在，和陌生人打交道时更是感到十分吃力。

比起现实中与人交往，陈鑫更愿意在网络上和朋友瞎聊，虽然他也认为网络交友不可靠，但却还是寄希望于自己能找到志同道合的朋友。毕业之后，陈鑫本应该参加工作，但他却连工作的事情都还没有考虑过。连同学都不愿意交往的他只要一想起工作后的人际交流，就感到十分恐惧。

转眼间，陈鑫已经在家里"失业"了整整1年半，这段时间内他一直是靠父母的资助维持生活的。尽管自己也知道这样不好，陈鑫却始终对工作心怀畏惧，只能在犹豫中反复逃避现实、麻痹自我，不知何时才能迈出这一步。

尽管并不是所有的"宅人"都缺乏社交能力，但"宅"的生活方式显然也必须适度。比起虚拟的网络世界，现实世界确实有着浮躁、复杂的一面，但这样的现实世界，恰恰才是我们生活的基本位面。

08 在桌子上摆满东西显示着什么

每个在学校上课或公司办公的人，都拥有一张属于自己的桌子，如果仔细回想就可以发现，我们每个人的桌上"风景"都迥异不同。有些人的桌子上总是空无一物，走极简主义路线，还有一些人则总是要把东西放满桌子，才能觉得安心。

　　表面上看，桌子上放不放东西只是个人的习惯和喜好，但心理学家却指出，从桌子上的风格，也可以看出一个人的内心。有些人虽然都会在桌子上放满东西，但"桌面风格"却有着很多差别，有的安放有序、有条不紊，有的则是一片混乱。从这一序一乱之中，其实也宣示了桌子主人的内心。

　　有的人虽然在桌子上堆满东西，但却安放得有条不紊，不论是遇到什么情况，都能在第一时间内找到所需要的物件。这样的人通常态度严谨，并且有着完美主义倾向，在学习中还是工作中，他们对于自己的学业、工作，总是有着清晰明确的计划，很少会出现迈错步子的情形。

　　与此同时，这一类人也比较坚持原则，只是也很容易发展为固执、偏激，但面对学业或工作，他们通常都愿意付出最大的努力，这一点值得褒奖。

　　与此相反的则是那些桌子上杂乱无章、一团乱麻的人。这些人从来不讲究什么规划、秩序，只是东一头、西一头地摆放东西，等到需要的时候往往是左找右找，就是找不到自己想要的。很显然，这些桌子的主人通常都是毛手毛脚、粗心大意一类，他们不懂得有序规划为何物，也就难免在学习和工作中，一再犯下低级错误了。

　　不论是哪一种摆放方式，这些人至少都有一个共同点，就是领地意识极强。在他们心中，桌子不只是工作学习的工具，更是自己的私人领地。在桌子上摆满东西的举动，则是他们宣示"领地主权"的下意识举动。显然，这一类人是坚定的自我中心主义者，在工作中经常表现出公私不分、油盐不进的样子，容易成为整个团队的刺儿头。

　　与此同时，这些人也是希望借助这一举动来营造个人空间，避免受到他人的打扰。换言之，他们做事喜欢依从自己的步调，而非与大家互相配合。和这一类人合作自然十分苦恼，但如果是从事一些颇具个性的工作，却又总是离不开他们。

在公司大部分同事眼中，孙立新都是一个工作能力突出的人，虽然并不是公司大佬级人物，但相比之下也不遑多让，但当私下说起孙立新的时候，他们也都不得不承认他是一个"超难相处的人"，"每次和他一起做项目都是一种煎熬"。

原来，孙立新虽然年纪较轻，但性格却十分自我，平日里也总是闷头干自己的事情，很少与人互动。为了高效地完成工作，也为了不受到别人打扰，他总是在自己的办公桌上摆满东西，明确地表露出"闲人勿进"的姿态。同事们要互相递东西时，经常要费力地绕过他的文件大山；有些同事与他进行工作交流时，也常常是只能听到躲在文件后他发出的声音。久而久之，公司里的同事也都不怎么和他打交道了。

在工作中遇到合作项目时，孙立新总是喜欢按照自己的步调进行，很少顾及到同事的进度和想法，表现出十分强势的作风，这也是许多同事感到苦恼的原因之一。许多同事在与他合作之后，都向上司进行了不同程度的反馈，于是公司上层领导只得再次考虑起人事变动的问题。

得知了消息之后，孙立新的几位公司好友都为他捏了一把汗，不过庆幸的是，他们的担心并没有成为现实。原来，在经过一番了解后，公司领导都认为孙立新虽然自我，但却能够胜任公司的一些需要发挥个性的重要工作。鉴于公司的需要和孙立新本人的性格、能力，领导最终拍定继续将他留下。后来的事实也证明孙立新完成得很好，他们确实没有看错人。

有的人虽然内心自我、性格强硬，但在学习和工作中却又能够充分发挥个性优势，表现出过人之处。倘若在生活中遇到这样的人，我们完全不必闻虎色变，只需要加以适当的谦让，就可以较好地与他们相处了。

09 发呆时总爱咬东西，是欲求不满的体现吗

早在读书的小学阶段，许多人就已经养成了咬笔杆儿的习惯，并且还一直把它带到了成年后的生活工作中，然而就是这个看似微小的癖好，却是我们欲求不满的证明。

人在成长过程中，会经历一段时间的口欲期，所谓口欲期即是婴儿1岁以内时，通过口来探索外界的状态，具体的表现有吃奶、吃手指、吃一切抓到的东西。如果婴儿在口欲期没能满足自己的欲求，就很容易形成对外物的依赖，从而把自己的欲望转移到物品上。久而久之，这就成为了一种条件反射。思考或走神的时候咬笔杆儿，就是条件反射的一种体现。此外，人如果在成长的过程中遇到一些意外或变故，也很有可能会引发这种习惯，这种情况就更是因人而异了。

在心理学上有一种说法叫行为转移，这种情形更多的会出现在内心敏感、容易焦虑的人身上。当我们在思考的时候，内心经常会伴有对当下事务的些许焦虑，甚至可能还有一些被压抑的情绪和怨气。为了消除这些负面情绪，我们就会下意识地通过其他方式来发泄。既然这一方法能够被许多人所采纳，就表明它确实有着一定的积极作用，只是当我们看着被自己咬得"面目全非"的笔头时，想必自己有时也会觉得太不雅观。

咬东西虽然只是一个小小的癖好，不会影响到他人，但如果咬东西的程度比较严重，也会显得十分不雅。尤其是在生活当中，这样的癖好可能也会让别人产生尴尬，对自己产生不好的影响。

在生活当中，刘箐是一个十分文雅淑静的女孩儿，她的这一性格得到了许多人的称赞。看似对所有人都十分温和的刘箐，对自己身边的物品却

十分"苛刻",这一点是她周围的人都没有想到的。

早在小学写作业的时候,刘箐就无意间养成了咬笔杆儿的习惯,随着她的长大,这一习惯演变得也愈发严重。按理说许多人都有咬笔杆儿的癖好,并不值得大惊小怪,但刘箐的癖好却显得要更加严重一点。除了笔杆子之外,家中的其他一些物件,如盒子、药瓶、吸管……统统都没能逃过她的"铁齿铜牙"。

最初时并没有多少人知道她的这一癖好,然而令人想不到的是,最终刘箐竟然主动暴露了自己的怪癖。有一次,她和朋友新介绍的男生见面,期间对方临时需要用纸笔记录东西,刘箐顺手就从包里拿了出来。随身带纸笔本是一个值得夸奖的好习惯,但看着被刘箐咬得不成模样的笔杆,对面的男生却吓得连"谢谢"都忘了说出来。

这之后,这位男生又在无意间发现了好几次类似的情况,这一发现使得他十分为难,对刘箐也不由得产生了一些负面的观感。好在刘箐的性格实在温柔,对人也十分友善,他这才说服自己接受了她,但也表明了自己对刘箐这一癖好的"畏惧"。在这之后,刘箐才开始有意识地控制自己的行为。

有些癖好虽然看似微不足道,却十分不雅,同时也很容易给人带来不悦的感觉。咬东西的癖好一旦发展到比较严重的程度,就是其中之一。何况人手常握笔杆,上面难免充斥着大量细菌,卫生状况也十分堪忧。

在孩子时期形成的咬笔习惯,还有可能的原因之一是儿童心理障碍。在5—9岁期间,孩子经常会被父母和老师批评教育,无意间就会使孩子产生一些敌意和对抗情绪,就此形成儿童心理发育的第一个逆反期。这一时期孩子咬笔的行为,也可视为是一种轻微的强迫思维和行为障碍,这应当引起每一位家长的注意。

10 朋友圈刷不停，是寂寞还是强迫

　　智能手机可以说是我们最为依赖的电子产品之一，对于手机社交软件的朋友圈功能，我们也并不陌生。通过刷朋友圈，我们很容易就能看到朋友们最近在哪儿、做了什么，心情好时还可以随手为他点上一赞。

　　但很多时候我们会发现，许多人对刷朋友圈已经产生了"魔怔"，要么刚放下手机就再次拿起，要么在几个软件之间来回反复地刷新。显然，这样高频率的反复刷新绝不仅仅是因为闲来寂寞，而是一种强迫症了。现实当中，还有越来越多的人加入这个行列，对于这一行为背后的心理，我们也很有必要进行分析和重视。

　　在心理学家看来，玩手机的"低头族"与其说是在刷朋友圈，倒不如说是在刷存在感。通过手机，每个人都能最快地获取资讯、享受生活，但这一便利也会造成另外一个困扰。在仅凭手机就能解决大部分问题的情况下，人的社交范围就会相应缩减，这样一来反而会感到空虚，但是通过刷朋友圈，就能看到对方的状态，借此完成一次小小的"互动"。

　　此外还有一个刷朋友圈的原因，那就是强迫症。对于强迫症我们并不陌生，但对于这一症状在人群中的蔓延情况，许多人很可能毫不知情。据世界卫生组织（WHO）所做的全球疾病调查中发现，强迫症已成为15—44岁中青年人群中，造成疾病负担最重的20种疾病之一。

　　前一段时间，微信朋友圈出现了一大批强迫症头像，特点是右上角带有红色的数字，如同朋友圈的未读信息一样，这一头像一出，瞬间令许多人纷纷大呼"受不了"。人们对于刷朋友圈的热衷，也是基于同样一种心理。患有强迫症的人有一个最显著的特点，就是重复动作，此外，他们还有一个共同的特点——预支烦恼。很多时候，强迫症患者都会因一些微小挫折而杞人忧天，这又进一步使他们产生了焦虑心理。为了缓解这种焦虑，重复动作就会不由自主地出现。

刷朋友圈虽然是微小的举动，但如果因此形成强迫症，也会给人的正常生活、工作和健康带来许多问题。

林振是一位高二学生，学习成绩在班中总能排到前20名，在老师父母和同学眼中，都是一个十分好学的学生。由于在一次考试中成绩名列前茅，林振的父母为了奖励他，特意买给他一部手机，然而这一举动却反而给他造成了负面影响。

当时班里许多同学都已经拥有了手机，等到自己有了手机之后，林振也下载了各类社交软件，闲来无事时就刷刷朋友圈什么的。但是，朋友圈的功能却对他产生了巨大的吸引，以致到了后来，林振即便是上课时也会产生冲动，想要打开手机看一看。尽管自己能够忍住这股冲动，林振却总是在上课时心不在焉，而且一下课，他就会迫不及待地掏出手机。

发展到后来，林振即便是晚上睡觉之前，也要打开手机看看朋友圈的动态以及其他社交网站的新闻，如此反复切换数次才会依依不舍地放下。有时候听到父母手机收到信息后的提示音，他也会不由自主地拿起自己的手机，然后就又会忍不住刷一遍。

一个学期过去后，林振的学习成绩一降再降，最终掉到30名之后，与此同时，他也总是感到精力不济。直到这时，他的父母才得知了实情，感到十分懊悔。

刷朋友圈上瘾虽然不像吸毒一样，会造成重大的人体危害，但对于人精神的蚕食，也是极为严重的。曾有人在网络上放了一组图片，将近代人吸食大烟和现代青年躺下玩手机的照片放在一起，呈现出惊人的相似，令人捧腹之余也不得不深思。毫不客气地说，在很多时候，原本只是工具的手机已经逐渐掌控了人，人反而成为了手机的"奴隶"。

想要克服对手机的依赖，首先要严格控制玩手机的时间，主要是减少上网次数。此外，成瘾者也需要学会调节自己的情绪，避免受到不良情绪的影响。手机中的虚拟网络世界虽然有趣，但比起现实世界的当面交流仍有不及，因此，人们应当学会放下手机，拥抱身边的真实。

11 反复检查的行为一定是强迫症吗

生活中的我们或多或少都有一些莫名其妙的行为，比如哪怕明明前一秒紧紧地锁上门，却还是要忍不住回头再检查一遍。对于这一类心里有数却不由自主的行为，心理学上有一个共同的说法——强迫症。

需要指出的是，强迫症其实有很多种表现方式，如刚刚所提及的检查门锁，就被归为检查强迫症。所谓检查强迫症，是指患者出于对某事不放心的心理，内心没有安全感，于是便通过反复检查的行为，来消除自己内心的不安、焦虑以及不放心感受。问题是，患者在进行检查之时，也常常能够意识到自己根本无需多此一举，只是无论怎样努力地去克制自己内心的检查欲望，却还是徒劳无功，最终不得不去检查。

在检查完之后，懊悔、自责等情绪就会充斥在患者内心，令患者感到十分不该，然而如果再次出门，他们往往还是会不由自主地这样做。因此，为了求心安而在出门时，反复检查的做法，反而恰恰成为了他们的"心魔"，使他们的内心愈发不安。

根据研究显示，平均每100个人中，就有2—3人患有强迫症，而且这一症状在男女性别上，并没有明显的差异。关于强迫症的成因，大致有遗传、个性、教育和成长环境等因素，其中最明显的则是遗传因素。研究还发现，近亲里面有强迫症患者的人患病几率，要比其他人高出许多。除此之外，学习压力过大、父母要求严厉、重大精神刺激等因素都会先导致焦虑，继而演变成强迫症状。此外，大脑受到损伤的人有时也会出现类似的症状。还有一部分患者病前即有强迫型人格，在生活中过于谨小慎微、责任感过强、希望凡事都能尽善尽美，因而在处理不良生活事件时缺乏弹性，表现得难以适应。他们内心的种种矛盾、焦虑，最后也会以强迫性的症状为形式而表现出来。

李怡在一家公司担任会计，工作一向认真负责，自从上岗以来始终没出过差错，在公司深得领导信任，然而，随着工作时间的增加，她却产生了一些心理问题。

有一次，一名同事从她那里领取了一笔现金，虽然数额并不大，李怡却还是足足反复数了五遍，等交给对方后还反复地叮嘱对方"数数看够不够"。不仅如此，等到对方走后，她又打电话继续追问数额，甚至还在下班后特意去那个人的家里进行确认。平时工作完后下班离开时，李怡也总是要用手拉开凳子，检查看有没有东西掉到地上，平时坐车时甚至都不敢开窗，生怕风吹走了车里的东西，哪怕是一片纸。

即便是在下班回家后，李怡只要闲下来时，就会不由自主地反复回忆工作情景，思考哪里会不会出错，一件事就足够她想个三五遍。由于长期这样，李怡很快就出现了失眠症状，因此，她精神疲惫，工作效率明显下降。眼看李怡完全变了一个人，公司的领导也由担心转为失望，最后不得不让她暂时休假，好好在家调养。

为了了解李怡的情况，她的家人特意带她去看心理医生，心理医生经过了解才发现，李怡在很小的时候，就已经被父母种下了强迫症的种子。念小学时，李怡的父母总是严格要求她好好学习，有一次她已经考了99分，妈妈却责问她为什么只考了99分，并反复强调最后1分的重要性。除了成绩以外，李怡每次写作业时只要出现涂改的墨迹，就会被父母要求重写，作业没得优时也是一样。正是因为父母的从小教导，李怡才会养成一丝不苟的态度，这种几近苛刻的要求，却使她在后来的工作中逐渐出现了强迫症。

强迫症说到底是一种心理疾病，心病最终也只能通过心药医。人们总是对焦虑不安难以释怀，但一颗真正强大的心，其实也应该做到接纳这份不安。患有强迫症的人通常都缺乏足够的接纳力，但这也是一种很正常的情形。许多时候，接纳的能力都需要人们进行心理练习，才能够逐步地培养起来，为此也需要投入一定的时间和耐心。

此外还要指出的是，尽管强迫症患者经常会反复检查东西，但这却并不代表反复检查就是强迫症。事实上，我们大多数人或多或少都有这样的一些行为，比如反复地思考一些问题，或做一些刻板的事情。有时候，我们的重复行为也有着一定的先后顺序，之所以这样，也是为了尽可能节约时间，提高做事效率。显然，这种规规矩矩的做法并不让人感到焦虑不安，更不会对我们的正常生活产生负面影响。也就是说，一个反复出现的习惯只要持续的时间不长、没有给生活造成什么严重的影响，就属于正常的范畴，而非是强迫症。

12 洁癖：世界并非肮脏，内心偏偏惊惶

在自然界中，爱干净几乎是大多数动物的本能，比如养过猫的"铲屎官"就经常能够发现，自家的猫在那里高冷地自我舔舐。猫每次舔毛的时候，都会分泌一种强力杀菌物质，以此来完成身体的清洁。

连动物都有种自我清洁的机能，作为万物灵长的人就更不用说了，但在现实生活中，我们却经常可以发现一些人对清洁有着近乎病态的追求。

即便已经做完清洁，他们却还是觉得一切都很肮脏，自己也不够干净，内心为此充满惊惶，这就是所谓的心理洁癖。

洁癖实质上也是强迫症的一种，患者通常都把正常卫生范围内的事物视为肮脏，并因此感到焦虑，以致强迫性地清洗、检查及排斥"不洁"之物。具体而言，洁癖又可分为肉体洁癖、行为洁癖和精神洁癖，这属于强迫性神经官能症，是很常见又很顽固的一种心理疾病。

关于洁癖的成因，主要有遗传因素、社会因素、家庭教育因素，此外也有心理方面的原因。根据调查显示，有近七成的洁癖患者都是强迫性人格，他们在患上洁癖之前，都曾因一些不好的经历而导致心理紧张，继而引发了强迫症。此外，过于苛刻的家庭教育也会使一些人无法自如地表达自己的情绪，以致患上洁癖。

患有洁癖的人在主观上，常常会感到有某种不可抗拒的、强迫无奈的观念、情绪、意向或行为的存在，他们内心也非常明白这些都是不应该出现或毫无意义的，但是当这些东西出现的时候，他们的内心又会涌现出强烈的焦虑和恐惧，迫使他们不得不采取某些行为来安慰自己。此外，极端完美主义者也很容易演变为洁癖症患者。

心理洁癖对人的身体并没有太大影响，但它却会严重地影响人们心理活动，导致心理压力的出现。不仅如此，一些重度的心理洁癖还会使人产生社交恐惧，使自己的正常生活和工作也难以进行。

王芬小时候，母亲对她十分严厉，只要她的床与桌子有一点脏乱，马上就会遭到严厉的呵斥，并被勒令马上收拾干净。久而久之，王芬便对脏乱产生了一种病态的恐怖。一旦看到哪个地方有点凌乱，她马上会联想到母亲的苛刻和严厉态度，进而引发心理紧张。到了后来，她更对"干净"产生了一种近乎病态的追求。

每次进教室时，王芬从来不用手推开，而是用脚踹开，因为她总是觉得门很脏。不仅如此,她还总是一遍遍地擦拭桌椅和读写工具,写字的时候也不直接用手握笔,而是用卫生纸包着手握的部分。一次同桌向她借钢笔用,她虽然勉强借出,但等同桌归还钢笔之后,她却感到特别恶心,以至于拿着卫生纸一遍又一遍地擦拭。她的这一举动使得同桌备感羞辱,并把这件事情在全班级内进行了传播。从此之后,整个班里的同学见了她都躲得远远的,王芬也因此对班级和学校产生了强烈的恐惧感,不愿意再去学校。

由于王芬的洁癖已经影响了正常的学习生活,她的家人只得带着她去看心理医生。在得知了王芬的病情后,医生诊断她患有较重的心理洁癖,并对她展开了为期5个月的心理治疗。从这以后,王芬的洁癖才开始有所改变,并慢慢好转起来。

如果是重度的洁癖,患者就必须通过专业的心理治疗来纠治;如果是程度较轻的则可以试着自我调节。强迫症其实并不可怕,洁癖的种种表现也只是表面症状,说到底是患者个人的心理问题。

洁癖等强迫症患者通常都是极端的完美主义者,在平日里也容易钻牛角尖。须知,我们的心才是自身的主宰,无论如何都不应该被外物所牵制。想要摆脱洁癖,就要有意识地努力克服任性、急躁、好胜等性格,学会换个角度去思考。对于自身以外的任何人和事,都应当有理解和包容的开阔胸襟,尊重他们的存在和意义,以宽容来接纳世间的一切。

13 点赞行为背后隐藏着怎样的心理

所有使用智能手机的人都对社交软件的点赞功能十分熟悉,甚至于我们本身很有可能也是一位"点赞狂魔",然而,随着点赞功能的普及,越来越多的人反而放弃了互动这一社交软件的根本功能,却对锦上添花的点赞功能情有独钟。打开好友列表，我们总是可以看到许多从来不和自己聊天的头像，如果不是自己的动态经常收到他们的赞，我们几乎都要把他们看作假人了。

正是有了大量从不发话却默默关注着自己的"点赞之交"，点赞这一功能才愈发折射出人们的微妙心理。事实上，从心理学的角度而言，点赞功能本来就是一种很有意思的社会互动行为。一方面，它能够为对方传递出积极的反馈，与此同时它又并没有包含太多信息，给人留下很大的想象余地。那些点赞的人越是以沉默和不变作为应对，被点赞的人就愈发会对他们产生好奇，尤其是当双方在现实中并没有了解的情境下。

一般而言，社交软件的点赞都是出于以下 8 种心理：

表示自己已经看到

朋友圈中永远不缺晒鲜花、晒美食、晒旅游的人，然而有句话说得好："热闹是他们的，我什么都没有。"虽然不能感同身受，但要是表现得毫无关注也似乎太过冷漠，于是人们通常都会点个赞，表示自己"已阅"，算是勉强作为回应。

"你开心就好"

有的时候，朋友圈里的一些动态其实并不是我们喜欢的，但看着对方兴高采烈的样子，我们一点表示都没有也不好，所以还是得硬着头皮，违心地点上一赞。这个时候，当事人的内心潜台词其实是"你开心就好"，而非"真为你感到高兴"，所以收到朋友圈的点赞，我们千万不要因高兴就急着向对方发信息炫耀，因为对方可能根本就懒得搭理自己。

为对方感到高兴

大多数人的生活圈子之中，总会有一两个情感丰富的人，他们的朋友圈动态也常常如此。看到他们遇到什么喜事或是出糗的样子，人们难免会忍俊不禁。这种时候其实最需要热烈的祝贺，但如果直接说出一些庆祝的话，又会显得过于客套。于是乎，看似微小的点赞举动，就能恰到好处地承载起我们的喜悦之情。

表示感谢

万能的朋友圈不仅可以分享自己的喜悦，一旦需要帮助时，也可以用来传递求助信息。为了实现八方支援，经常有人会发布一些求助动态，并恳请好友们多加转发，大力扩散。一旦真有朋友做了，当事人自然就会顺手在下面点赞，以此表示自己已经看到了对方的诚意，同时也表明了自己的感谢之情。

为日后的交流留有余地

出于生活和工作的必要，我们经常需要添加一些陌生人为好友，遇到自己多年不见的故人也是如此，但在平日里双方可能完全不会有任何接触，因此也就无话可说。这样一来，在对方的动态下点赞，就成为了表达善意的最佳方式，一旦日后遇到之时，也不会因长期以来的"相加无言"而尴尬了。

鼓励对方

每个人一生总会遇到一些特别的事情，比如自主创业、妻子临盆、家人入院……遇到这些事的时候，求取鼓励也是必然的心态。在朋友圈见到这一类的动态，作为好友或许会觉得语言有些苍白，但点个赞来表示惦记和鼓励，总是不为过的。

帮对方赢取奖励

本来是分享个人生活的朋友圈，却常常充斥着大量妄图不劳而获的集赞动态，但看在双方的交情上，不点个赞也显得过于冷漠。再加上点赞本就是举手之劳，不费吹灰之力，许多人也就不妨顺手而为，就当是作为友谊的体现了。

认可对方

俗话说，世上没有两片相同的叶子，相同的思维和价值观也很少能够遇到。因此，出于真正认可对方而点赞的行为，其实相对比例很低，但有时候人们看到一些符合自己观点的信息，又不能表现出明显倾向时，就会通过点赞来表明态度。

除此之外，还有一些人特别喜欢为某个异性的动态点赞，但却从不说话，这样的做法也会令人十分费解。其实，这一类人往往是因为害羞而不知如何表达，表面看似平静，内心情感却十分丰富。

秦可欣与钟茂桐是在一次朋友聚会上认识，事后两人在朋友的撮掇下，也互相添加了好友。此后，钟茂桐始终没有主动联系过秦可欣，秦可欣初时也不以为意，但却又总是发现对方在不停地点赞。

每当秦可欣发布新的动态，晒出自己花一下午时间做出的美食，或是买到的小物品时，钟茂桐总是在第一时间送上一赞，但却没有任何语言表述。秦可欣对此心中剧跳，但出于矜持又不好主动开口，两人就以这样的模式"交往"了大半年，然后才再次见面。

直到两人再次相见，钟茂桐才在朋友的一再鼓动下，向秦可欣提出进一步的交往请求，经过一番思虑，秦可欣也答应了这个腼腆男孩儿的请求。交往之后，秦可欣才发现两人竟然意外地十分合得来，感情很快就进一步升温，成为朋友圈中一对令人歆美的伴侣。

有些时候，一些男性会因羞怯而不敢主动，点赞也就成为了他们表明心意的最佳方式。如果女孩子对对方也有些许好感的话，就千万不要轻视小小的点赞行为。当然，对方也有可能是抱持着若即若离的心态，而非真心爱慕，这就需要女孩子去仔细辨别了。

14 靠边坐是畏惧的心态，还是防御的姿态

不论是上班坐地铁还是外出就餐，人们总有落座的需要，如果仔细观察就会发现，许多人不论是地铁乘车还是餐厅点餐，首先都会选择远离别人的靠边位置，摆出一副畏惧别人的架势，抑或是想要防备些什么的样子。

这在心理学上有一种说法，叫作私人空间，又称为私人空间效应。所谓私人空间效应是指，在人身体周围一定的空间，一旦有人闯入，就会给人带来不自在的感觉，并使人们做出一些应对的行动。根据研究显示，私人空间的面积大体上是人身体前后 0.6—1.5 米、左右 1 米的范围内。此外，女性的私人空间比男性要大，具有暴力倾向的人的私人空间，更是普通人的两倍之大。

私人空间虽然看不到、摸不着，但却会实实在在地随着人不断位移，一旦旁人踏入这个界限，就会引起当事人的不快。为了避免受到"精神打扰"，许多人才会在第一时间选择边缘或靠后的位置，然后自得其乐。

除此之外，还有一种效应也会导致人们倾向于选择边缘座位，也就是由西方心理学家德克·德·琼治提出的"边界效应"。琼治认为，身处边界区域既能看清周围的一切，又可以较少暴露自己。具体来说，这一概念主要包含了人们在交往时的三种心理诉求。

人有交往的心理需求

对于大多数人而言，边缘位置都是一个很好的观察点，一方面能够提

供浏览全局的视野，另一方面又有助于进行个别重点观察。在交往前，人们刻意而为的旁观，反而能够使自己通过观察掌握环境信息，并判断哪些人是最合适的交往对象。

人在交往时需要保持个人空间领域

中央的位置看似尊贵，却又四面开放；相比之下边缘位置虽然只是半开放空间，却可以使人们在观察的同时保留私人空间。著名的心理学家马斯洛曾提出安全是人类的基本需要，边缘位置显然是迎合这一需要的首选。当然在个别时候，这种情况也会反过来，比如公厕最靠近门的位置，以及一些餐馆内靠近外侧的位置。

人在交往时需要与他人保持一定距离

在社交场合当中，人站在边缘地带比中心地带更容易离开所在区域。与之相应的是，在交往中如果对方太过接近自己，导致自己内心不安，人们在边缘位置就更方便调整位置，与对方再次保持适当的距离。

除了正式的社交场合之外，这一效应也可以运用在教学当中，尤其适合老师教育学生。对于教师而言，在管教学生时拿捏好距离，不仅可以烘托自身的权威，也可以更好地走入学生的内心，起到事半功倍的作用。

小李老师是一名刚刚参加工作的老师，并且还是高中某班级的班主任。由于自己也还年轻，许多同事都担心她"镇不住"学生，然而事实却证明他们的担心纯属多余。

学期中期时，学校治安处对高中各班级的学生违纪情况进行了通报，所有人都惊讶地发现，小李老师所带班级的学生竟然最为规矩，就连她兼课的另一个班也没有几起打架斗殴之类的事件。

几乎所有同事都对小李老师的管教之道十分好奇，也有几位主动前去询问。当被问起这个问题时，小李老师笑着说自己在大学时，也曾选修过一些心理学的课程，所以在与学生相处时，更能把握好分寸。每个人都有一定的私人空间，但那些成绩比较优秀的学生，其私人空间会相对开放；成绩平平或较差的学生则趋向于保守。在平日里，自己会根据两者的不同，分别拿捏教育时的距离，既不会太近而助长他们的骄傲情绪，也不会刻意疏远而使他们感到受冷落。如果是学生之中有人犯了错，她一定会主动向学生靠近，有时甚至面对着面，以此来突破学生的私人空间"防线"，打破他们保护自己错误的自信心。这样一来，那些咬牙不松口的学生很容易就会承认错误了。

案例中小李老师的做法，可以说是对私人空间效应和边界效应的反其道妙用，是一种极为高明的教学管理方法。除此之外，倘若是在地位平等的人际交往当中，我们就应该拿捏好交往的距离和尺度，以免在无意间"侵入"别人的私人空间，给对方造成不适的感觉。

兴趣爱好背后折射出的心理

一个人的生活习惯、兴趣与个性喜好，不仅可以透露出其性格特点，而且也可以反映出一个人的潜意识活动，透露出一个人内在的一些愿望。生活中，每个人都有不同的生活习惯与兴趣爱好，我们完全可以通过观察一个人的习惯与爱好去了解和认识一个人，这是掌握一个人内心活动的一扇最为重要的窗口。

01 毛绒玩具为何让人忍不住就想抚摸

现实当中，许多女孩子都对毛茸茸的东西和宠物十分喜爱，表面上看，这只是女孩子用来扮可爱的"卖萌"方式，其实不然。

其实，除了女孩子之外，很多男孩子也对毛茸茸的小动物没有任何抵抗力，看到就忍不住想抚摸，这背后也有着心理学的依据。根据研究表明，柔软的东西摸起来更加舒适，更有助于人实现内心的安宁。在心理学上，人们将动物梳理毛发的动作，看作是一种提高亲密性的行为，而人对毛茸茸东西的抚摸欲望，也是基于同样的心理。美国的动物心理学家哈洛曾做过一个著名的恒河猴实验，结果证明：喜爱毛茸茸的东西是动物的天性。

为了研究动物对触感的需求，哈洛和他的同事们特意对一只刚刚出生的幼猴做了一个实验：首先，他们专门制作了两只假母猴，其中一只是用绒布毛料制成，另一只则是用铁丝制成。他们特意为两只假猴子都安装了一个可以用来哺乳的装置，甚至还将两者的温度都加热到真猴子的常规体温。然后他们又将刚出生的幼猴与这两只假猴子放在了同一个房间中。

结果哈洛和他的同事们发现：在短暂的选择之后，幼猴很快就扑入了"毛绒妈妈"的怀抱，而把"铁丝妈妈"晾在了一边。不论是喝奶还是休息，它都只会依恋在前者身边。为了进一步做研究，哈洛等人干脆又把前者的哺乳装置关闭。

当意识到"毛绒妈妈"无法为自己哺乳后，幼猴这才不得不转向"铁丝妈妈"，但更多的时候它只是坐在前者的怀里，探出头去吮吸后者的乳汁。如果在玩耍时遇到哈洛等人故意制造的"威胁"，如假的大蜘蛛时，幼猴也会在第一时间就扑入前者的怀抱。显然，比起"铁丝妈妈"而言，"毛绒妈妈"更能给幼猴提供安全感。

其实，早在进行这项实验之前，哈洛就发现了一个有趣的现象：一些被饲养人员而非母猴哺养的幼猴，对地板上的绒布远比对奶瓶更加在意。当饲养人员拿走幼猴手中的奶瓶时，它们往往没有太大的反应，但当人们试图拿走地上的绒布时，幼猴们就会把绒布紧紧地攥在爪子里不肯松手。一些养猫或狗的人也常常会发现，自家的宠物对毛绒线团和柔软抹布十分喜爱，甚至会叼在嘴里来回走动，这也是基于同样的生物本能。

对于柔软、毛茸茸的东西（或者说是触感），大多数动物都有着本能的需求，作为高等动物的人也不例外。尽管在后天的成长过程中，一部分人可能会因故对毛茸茸东西产生抵触心理，但在生命的最初阶段，他们也绝不会厌恶这种触感。

自然界中的许多动物都会互相清理毛发，如猴子之间捉虱子、猫之间互相舔舐，还有鸟儿彼此啄羽毛等，这是动物建立亲密关系的手段。在现实生活当中，人们也都有着同样的需求，但出于社交礼仪的要求，我们显然不能像动物一样直接对其他人进行抚摸。于是这一需求就被转移到了毛绒玩具上。

这也就解释了为什么女孩子比男生更容易喜欢毛绒玩具，因为她们较之男性本就显得弱势，内心的安全感也更加匮乏，而那些喜欢毛绒玩具的男性，也更多地属于安全感不足的一类人。

许多人在睡觉的时候，都要紧紧地抱着一只毛绒大玩具，甚至还会手脚并用地夹住它，就像一只八爪鱼一样，这就是获取安全感的一种方式。还有的人家中虽然没有这一类玩具，却会在睡觉时侧着身子，紧紧地抱住、夹住柔软的被子。这除了与正确睡姿有关之外，与喜欢毛绒玩具也是同样的道理。

155

02 单曲循环，执着的偏好是如何养成的

由于生活节奏加快和工作压力增大之故，越来越多的白领一族出现了"都市症候群"，其中之一就是"单曲循环症"。在网上一项关于现代都市白领罹患病症的调查中，单曲循环不仅与手机依赖、周一恐惧、拖延等并列为"八大都市症候群"，甚至还排在了第一名。

社会心理学中有一个理论，叫作曝光效应，又被称为熟悉定律。这一效应是一种心理现象，指的是大部分人都会偏好自己熟悉的事物的一种现象。对于喜欢单曲循环的人来说，他们的这种执着偏好，也是基于这一效应而养成。

对于曝光效应，心理学家做过好几个实验，最终都证明了其可靠性。20 世纪 60 年代时，心理学家扎荣茨特意让一群人观看一张全然陌生的毕业纪念照，随后又让他们观看纪念照中一些人物的个人相片，每个人的相片出现次数都不相同，最后扎荣茨要求被实验者选出最受他们欢迎的人物，结果他们都选择了出现频率最高的人。

又有一次，研究者特意选择了一批女大学生，让她们在某些课堂上分别出现 15 次，10 次或 5 次。每次坐进教室后，这些女生也从不与其他同学交流，只是坐在那里露面。等到学期末时，研究者又当着那些学生的面，展示出这些女生的照片，并要求他们选出对自己最有吸引力的女孩。结果也显示：出现次数越多的女生，对学生的吸引力就越强。

如果仅仅是出于喜爱的心理，单曲循环也不至于被视为都市症候群之一，比起见得越多越喜欢，单曲循环往往还有着更多的心理原因。除了对

一首歌越听越喜欢之外，许多人的单曲循环已经有些显得过分，可视为一种强迫性重复心理障碍。

根据调查显示，患有单曲循环症的人在重复听同一首歌时，内心往往处于回忆状态，只是回忆的内容各有不同，可能是某段甜蜜而幸福的过往，也有可能是一段不堪回首的时光。比起别人，这一类患者往往有着更大的精神压力，也表现得更为焦躁，甚至会无法控制自己的情感。此外，他们还可能伴有各种亚健康症状，如失眠、体虚、疼痛等。想要改变这种情况，就要学会加强情绪锻炼，以正确心态积极面对生活、工作，尽快走出内心的阴影。

在朋友和同事眼中，小于是一个十分开朗的人，但自从和女朋友分手后，他就像是变了一个人似的。原本他脸上热情洋溢的笑容再也看不到了，平时和大家一起出去的时候，他也总是苦着一张脸，看起来十分沮丧。

原本小于很喜欢听音乐，现在也依然如此，只是尽管列表里的歌曲上千，此时的他却只钟情于固定的几首伤情歌曲。即便是在晚上睡觉的时候，小于也总是要循环播放这几支曲子，或者打开深夜情感电台，只对着其中符合自己经历和感受的某一期，翻来覆去地听个没完。

在这样的情况持续了一段时间后，小于的精神状态自然每况愈下，不仅在早上挤地铁的时候心情况郁，工作期间也总是会黯然神伤。有时下班之后同事们聚餐，看着大家互相打闹、有说有笑，小于却总是戴着耳机一边听歌一边喝闷酒，烂醉回家后又是一派颓废的模样。

就这样，小于以这种低迷的状态度过了整整一年，最终不但没能走出伤痛，反而更加消沉。见此情况，几位朋友好说歹说，这才劝动他放下耳机，开始去做一些积极的事情，如健身、旅游、学习乐器等。经过一段时间的调整，小于这才多少释怀了些。

通常情况下，越是性格内向、心理素质差的人，就越容易患上单曲循环症。虽然有时候单曲循环并不是疾病，但也会使人产生习得性无助感，进而滋生出绝望、悲哀等负面情绪。表面上看，单曲循环或许可以使自己内心安宁，但在这看似平静之下，却有着汹涌的情绪暗流，因此，我们才要学会用更加正确的方式缓解压力、调节情绪，摆脱内心的阴影。

03 养的是宠物，被安抚的却是自己

在这个信息传递迅速、人与人交流更加便捷的时代，却有许多人反其道而行之，把自己的热情投注在了宠物的身上，并不是人的身上。不论是走在街上还是小区里，我们经常能看到拉着宠物来来往往的人，甚至在社交网站上，也能够看到一些比人还受欢迎的宠物"网红"。但是许多时候，看似是我们人类在照顾宠物，但真实情况确却是宠物在安抚我们。

人们养宠物主要是出自普遍心理和独特心理，其中大部分是前者。具体来说则主要有以下 3 种心理：

自恋型

每个人或多或少都有自恋的心理，而且心理学家也指出，适当的自恋能够帮助人们保持积极稳定的自身形象，也可以让人们对自我整体有更好的感觉。从这个角度来看，自恋心理其实也有着积极的作用，而养宠物恰恰是一种带有自恋色彩的行为。

根据调查显示，人们在选择宠物品种时并不是胡乱挑选，而是会下意识地选择与自己或自身性格特质类似的宠物。比如，慵懒而追求高雅的人喜欢养猫、热情友善的人喜欢养狗、淡泊浪漫的人喜欢养鱼、内心敏感戒

心重的人喜欢养龟、神经大条的人会去养蛇……外在的宠物其实是其主人内在的体现，从所养的宠物的品种上，也可以看出主人的心理。

理想化照料者型

有的人自己都需要照料、渴望照料，但现实的生活环境却无法满足自己的心理，于是他们只得进行角色转换，自己扮演起照料者的角色。在他们的内心深处，其实是把宠物当作自己，而把自己看作是所期许的那个人，所以这一类人如何照料宠物，就表明他内心希望别人怎么照料他。还有的人则是因为自身成长中的遗憾，没能满足自己的欲望与需求，因此就会对自己产生新的要求。当自己需要扮演同样的角色时，他们就会按照自己理想的原型去照料宠物，完成一种补偿。这种情况在小孩和老年人身上最容易出现。

宣泄自己的压抑情感

生活在现实世界，我们经常不得不妥协并掩饰自己的真正渴望，但如果心中压抑过头，我们也会难以承受。为了排解自己的压抑，人们也会倾向于养一种可以表达自己内心欲望的宠物。比如有的人看似沉默内敛，却养了一只见谁舔谁的热情小狗；或者一个看起来弱不禁风的柔弱女孩，却养了一条一脸"生人勿近"表情的凶猛大狗。

养宠物在很大程度上都与安全感有关，这就解释了为什么女性比男性更喜欢养宠物。现代社会物欲横流，人与人之间的信任度不断下降，反而是动物更加忠诚、更加可靠。如果这种依赖过了头，也会形成宠物依赖症，这反而是一件坏事。

在经历了相恋5年的男友的背叛后，刘茵茵为了排解忧伤，特意买了一只自己早就想饲养的萨摩犬。看着每天围着自己转来转去的萌蠢狗狗，刘茵茵把所有的感情都寄托在了它身上。

为了照顾好这只名为"宝宝"的小狗，刘茵茵特意为它买了最好的狗粮和其他用品，简直把它看作了自己的亲儿子一样。当有朋友提出要给她介绍别的男生时，刘茵茵也总是不予理睬，只是一心一意地陪着自己的"宝宝"。

半年之后，"宝宝"却意外患上了犬瘟热，出现食欲减退、呕吐、高烧等症状，刘茵茵为此急得团团转。尽管专门去看了宠物医生，"宝宝"最终仍是没能抵御住病魔，很快就死去了。

"宝宝"的死给刘茵茵带来了巨大的打击，她也为此伤心的一连几天没吃饭，甚至还病了整整一周。直到很久后，刘茵茵才慢慢走出"宝宝"死去的阴影。

很多人都会在宠物死后心情不佳，还有一些人一旦丢了宠物也会万分焦虑、四处寻找。除了对宠物的责任感和感情之外，其实他们也有着很深的依赖心理，但是，这种依赖心理却会使人变得孤僻，甚至丧失与人交流沟通的能力，因此并不是什么健康的心态。如果本身的心理不够健康、积极，最好不要轻易地饲养宠物，否则很有可能会因宠物依赖症而危及自身。

04 男人爱的是车，还是掌控一切的自由

在男生的童年时光中，小汽车一定是最受欢迎的玩具之一；长大之后，名牌汽车也是许多男人的最爱。因此网上有一句话说：男人其实一直都是孩子，只是他们的玩具变得越来越贵。这一句话虽然是调侃，但也确实说中了男人的心理。

　　比起女性，男人的控制欲更加旺盛，这也是男人成年之后，仍旧爱车的一大理由。在生活中，无论地位多么尊贵、钱财多么富有，人们也总有达不成的愿望、掌控不了的事情。但坐在车里，男人只需要驾驶技术足够高超，就可以通过方向盘来掌握一切。比起不会说话的汽车，身边的配偶有时还会抵触自己，因此在许多男人心中，汽车才是最为完美的"恋人"。研究表明，男性对机械天然有着更高的热情，而在这份热情的背后，则是对外部世界的好奇和渴望。汽车不仅是机械产品，同时也象征着远方和自由，自然而就得到了男性的青睐。

　　一直以来，人们都觉得男人之所以喜欢汽车，是因为从小就被父母提供这一类玩具，但最新的研究成果却表明这种看法并不正确。科学家们经过研究发现，比起父母的养育方式，人体内的性别激素才是主导其爱好的重要原因，雄性激素越是旺盛，人就越倾向于选择男性的游戏。甚至于女性如果体内雄性激素旺盛，也会出现同样的情况。为了进一步确认实验结果，科学家们还对猴子进行了研究，结果发现雄性猴子也会选择小汽车等会动的玩具，而雌性则选择了娃娃、布偶等。因此可以说，男性（雄性）对汽车玩具的喜爱是一种与生俱来的天性。

　　在生活当中，也有一些人是出于虚荣心理而爱车，因为车确实能够成为身份的象征。手中的车钥匙越是引人注视，车主人就越能感受到他人的羡慕和仰视目光，这种成就感无疑是令人十分陶醉的。但是，作为爱车族也要明白，车无论多么昂贵，都无法与自己身边的人相比拟，人对于车的掌控，也不可投射在他人身上。

　　工作 8 年之后，林斌终于成为公司的一名中层领导，与此同时，他也买了一辆谈不上昂贵，但也足够匹配身份的小轿车。自工作以来，忙于事业的林斌对车并没有太多感情，但当他握住方向盘后，他才发现自己似乎很早就期待着这一天了。

即便算上晚高峰时期的拥堵，上班地点不算太远的林斌，通常也不会太晚回家，但他的妻子却发现丈夫越来越喜欢在车里独处了。有一句话说得好：关上门下车，你是儿子、丈夫、爸爸、老板或员工；唯有在车里独处的短暂时刻，你才是真正的自己。买了车的林斌显然是体会到了这种感觉。

随着驾龄的增长，林斌对驾驶愈发熟稔，但与此同时他对身边人和事的态度却显得更加强势。在公司里，林斌愈发要求员工按照自己的意愿，很少给他们留下自行抉择的余地，甚至在家里时，也对妻子愈发挑剔，越来越难"伺候"。

对于丈夫的挑剔，相濡以沫多年的妻子还可以接受，但公司里的下属们却不买账了。很快地，他所倚重的一位下属就主动向公司请求调任，另外也有几名员工请辞。由于这几人的突然离去，林斌所负责的一部分项目顿时出现不小的动荡，公司的上层领导也特意找他进行了谈话。直到此时，林斌才意识到自己对于员工和家人都有些苛刻了。只是尽管他想要补救，公司的人事变动还是出现了一些动荡，不过庆幸的是他的妻子并没有因此与他怄气。

对于许多男人来说，象征自由和无限延伸的汽车，能够更好地与自己"合二为一"，相当于自己的"第二个老婆"，然而无论如何，他们都不应该把对汽车的要求转移到人身上。在人际交往当中，单方的控制并不是真正的"合而为一"，只是一种掌控欲得到极大满足的假想罢了。在现实当中，每个人都应当学会摒弃自我立场，进行换位思考，这才是良性沟通的最佳方式。

05 成人也爱动漫：只愿栖身于完美的世界

随着新时代文化产业的发展，各种动漫作品越来越风靡全球，不仅受到未成年人的欢迎，就连许多成年人也十分喜爱。为此甚至还在全世界范围内，衍生出一个全新的"种族"，也就是所谓的"二次元人"。

许多家长见到已经成年的子女还在看动漫作品时，都会认为他们"心智不成熟""太幼稚"，事实上这种看法却是极为片面的。对于"二次元人"来说，动漫作品的世界虽然是虚拟的，但其中蕴含的作者思想却并不浅显，甚至还能传递出许多有关世界、人性等单纯却不乏深刻思考的认知观念。这种观念往往比家庭和学校灌输给自己的更加温情、更加触动，更能引起自己的共鸣，而且，比起小孩子所看的简单动画片，二次元世界的虚拟人物往往更具美感，即便是对现实世界里的成年人，也一样有着强大的吸引力。因此，二次元世界是一个远比现实世界更完美的地方，更能令他们心向往之。

与成年子女的情怀相反，许多家长却对子女的做法十分担忧，在生活中也总是会想着用自己僵化的思维来引导子女，但这样一来，许多人反而会更加倒向"二次元世界"。人与生俱来的心理防御机制，也会使许多年轻人在遭逢挫折或冲突的紧张情境时，把自己的精神转向其他领域，"二次元世界"的大门常常就在这个时候被敲开。

但是，虚拟世界即便再美好，也终究不是我们所立足的世界，如果一味地沉溺其中，以此来逃避现实世界，也无疑是生活中的懦夫。

和许多同班同学一样，宋岩在初中读书时，就喜欢上了当时风靡全球的热血动漫，每周都要第一时间守在电脑前等待更新，并且一喜欢就是很多年。随着自己长大成人、参加工作，宋岩对动漫的喜好不仅没有衰减，反而愈发炽烈。

毕业之后，宋岩虽然找到了工作，但却干得十分没劲儿；办公室里的种种人事竞争，也令他感到无所适从。在和异性交往的时候，他也总是会不由自主地将对方与喜欢的动漫人物对比，然后就挑出各种毛病。因此直到参加工作 5 年后，宋岩的人生仍旧没有什么太大改变，而他本人也对现实世界产生了厌弃的心理。

每天上班期间，宋岩都只是按部就班地完成工作、等待下班，回家后则是一头扎进自己的房间，守在电脑前。为了减少和人打交道，他甚至都不去附近的饭店吃饭，顿顿以外卖打发。看着身边的同事朋友接连取得人生突破，升职加薪、成婚育子不一而足，他虽然也会感到羡慕，但却又因焦虑而不愿改变。出于害羞和畏惧，他对与异性交往愈发产生排斥心理，最后几乎对现实世界的异性失去了交往的想法。经过诊断医生告知，他这是患上了二次元禁断综合征。

沉溺于虚拟世界不能自拔，会给人的身心健康带来许多问题，因此作为"二次元人"，更应当懂得正视现实世界与虚拟世界的区别。二次元的世界不论多么美好，终究只能容纳我们的一部分精神，却无法承载我们的生命之重。现实的世界或许有很多挫折，也有很多黑暗，但这却是我们人生中必须面对的考验。

此外，二次元的世界虽然精彩，但也有流于肤浅、恶俗甚至不健康的一面，沉溺其中也会对人的精神造成极大侵蚀。尤其是一些意志本就薄弱、三观也不成熟的少年一旦接触，就会受到严重的影响。因此，在生活中，每一个喜欢二次元的人，都应该注意区分良莠，辨别真伪，在放松自己的身心之余，保证自己的精神健康。

06 "要我还是要游戏" 为何会令男生为难

早在我们还是儿童时，就对打游戏十分热衷，随着互联网的出现和网络游戏的崛起，可供人们选择的游戏方式就更加丰富。虽然当今时代享受生活、追求快乐的方式途径很多，但还是有大量沉迷于游戏的人。

比起女孩子，男生更容易对打游戏上瘾，以至于网上许多姑娘都晒出了自家男友沉迷游戏的趣事，还不无调侃地质问"要我还是要游戏"，这令男生感到十分为难。在心理学家看来，男生喜欢游戏并不是因为女性吸引力不足，而是与男性的心理有关。

有充足的证据表明，男性比女性更加勇敢、好胜，在生活中也更加喜欢竞争、渴望成功。这是一种与生俱来的天性，并不会因后天的成长就彻底改变。在平日的生活和学习中，男孩子却经常会被要求遵守规矩、安安分分，因此他们的竞争天性，其实一直都处于被抑制的状态，无法得到充分的宣泄。

在竞技类的游戏当中，虚拟世界等于是为这些男孩子提供了一个超级广袤的平台，足以满足他们的好胜、竞争等心理需求。在网络世界中与人竞争、取得胜利，虽然无法解决现实世界中的困扰，却可以满足男性与生俱来的一些英雄情结，使他们感到酣畅淋漓。

许多男孩子在现实生活中，都会由于种种原因受到家长和老师的批评，感到无地自容，甚至还会产生逆反心理，但这一时期他们根本无力与成人世界抗衡，只得转而寻求在虚拟世界中发泄不满。这样的发泄往往会因内心的激愤而走向失控，使他们对游戏产生上瘾的心理。还有一些人则是因从众心理作祟，才会向身边玩游戏的人"看齐"，最终难以自拔。

考上重点高中之中，刘彦超的父母便特意为他买了一台电脑，原本是希望能够帮助他更好地了各类知识，然而这一切却成为了两位家长噩梦的开始。

最初时，刘彦超确实通过网络拓宽了知识面，然而比起班里打游戏的同学，他的这一做法显然像是一个"异类"。每当一起出行时，朋友们总是兴高采烈地讨论游戏如何如何精彩、如何如何畅快，刘彦超却始终插不上嘴，只能静静地听着。最终，为了能够融入大家，他也开始玩起了游戏。

从此，放学之后留在教室思考问题的刘彦超不见了，取而代之的则是匆匆赶回家中，马上按下电脑开关的刘彦超。最初时他的父母也没有在意，只是觉得调节一下大脑也好，然而刘彦超的表现却很快就令他们失望、担忧。每当他们喊儿子吃饭时，却总是发现儿子一脸不耐烦，有时还会大吼大叫，嫌弃他们打扰了自己。发展到后来，刘彦超的状况就像许多网瘾少年一样，成绩一落千丈、情绪焦躁不安，完全就像是变了一个人。

直到这个时候，刘彦超的父母才感到后悔，于是只得带着他去看心理医生。经过诊断，他的自知力倒是完整，只是也已经出现了心理异常的症状。为此，心理医生特意为他制订了治疗疗程和方案，并努力安抚刘彦超接受治疗，主要是进行心理辅导、学习辅导、人际交往辅导等。经过几个月治疗后，刘彦超的情况才逐渐有所好转。

当今时代，学生因沉迷游戏而荒废学业的报道屡见不鲜，甚至还有一些成年人也因爱好游戏导致了各种家庭危机的案例。对于爱好游戏的人来说，游戏中的胜利确实充满了吸引力，但这种胜利更多的却只能折射出当事人在现实当中的失败。

除了以竞技游戏为业的极少部分人外，大多数人都有着自己的家庭生活、正当事业，只有在这些方面有所斩获，才可称得上是真正的成功；至于游戏，不过是茶余饭后以供消遣的娱乐方式，甚至还算不得什么健康的方式。现实当中，有许多人抱着放松的目的玩游戏，最终却因虚拟的胜败而滋生焦躁、愤怒，甚至产生暴力倾向，这种情况显然就是走火入魔太深，需要及时做出改变了。

07 垂钓不止是淡雅的羡鱼情，更有挑战与争胜心

都说"仁者乐山，智者乐水"，但许多停留在水边的人却并非爱水，而是怀有羡鱼之情。从古至今，垂钓者都被看作是拥有与世无争、重视精神世界远远超过现实世界的风度。但从心理学的角度而言，人之所以喜欢垂钓，还有发自天性的本能，以及喜欢挑战、追求胜利等几种心理：

狩猎的天性

在原始社会中，男女分工各有差异，其中狩猎就是男性的专属任务。即便时代不停地向前发展，这种原始的狩猎本能仍深植于男性的内心，使男人无法彻底放下。但进入文明社会后，一系列的条条框框使得男性无法彻底依从这一天性，于是只得通过钓鱼这一简易方便、经济实惠而又不失风度的方式，来满足自己的狩猎欲望。

缓解压力的诉求

当今社会的生活节奏过快，工作的压力也太大，致使许多人都不堪重负，感觉到身心俱疲，难以摆脱。身处这样的环境之下，每个人都希望能够有一个放松自我、回归天性的空间。相比远途出行，钓鱼不仅成本低廉，而且可以使人顺势接近自然山水，获取难得的宁静。因此，许多人才

会将垂钓视为排遣时光的娱乐方式。

挑战欲望的燃烧

鱼虽然是被狩猎的对象，却也并没有我们想象的那么愚笨，钓鱼的过程本身就是一个与鱼"斗智"的环节，吃亏的有时也会是人。每个人的心里，或多或少都有着挑战的欲望，只是在现实生活中受到抑制。既然在工作和生活中无法宣泄，人们自然就要寻通过别的途径来宣泄。垂钓看起来十分容易，其实也极大地考验着人的智慧和耐心，因此能够符合人们的挑战心理，受到人们的欢迎。

追求成就感

大部分人的生活和工作都很平淡，很难取得什么重大突破，但几乎所有人的心底又都渴望着成功。既然在平时无法体验成功的快乐，人们就会转而寻求在别的领域有所突破。在垂钓的过程中不论收获大小，对于垂钓者而言都是一份沉甸甸的喜悦，足以宽慰自己。

对未知的期待

鱼儿的智慧有时也不容小觑，很少有人能够百分百地保证自己能钓到大鱼。这样一来，垂钓者的每一次甩线抛饵、收线起竿，所带来的结果都是充满未知的。对于未知，人们总是充满好奇与向往，在追求的过程中不论经历什么感受，都足以令人品味、沉醉。

因此，垂钓不仅仅是那些淡泊人士的专属，其实更是态度积极之人的娱乐选项。只是，看似不温不火的垂钓，有时也会使人上瘾，不仅失去恬淡自适之心，甚至还会影响到家庭和生活。

自从有一次陪客户钓鱼，结果斩获颇丰后，张智光便迷恋上了甩竿、起竿的乐趣。此后他不仅瞒着老婆偷偷购买了一套昂贵的渔具，还经常在工作闲暇时外出钓鱼。

看着丈夫隔三岔五拎回家的肥美大鱼，张智光的妻子一开始并没有多说什么，但渐渐地，张智光却有些拎不清主次了。随着对钓鱼愈发热衷，他上班时也越来越不在状态，为此还被领导叫到办公室里一顿痛批，甚至连工资也被扣了一半。

公司的惩罚却没能令他醒悟，下班之后，他又溜到了老地方。正在自己钓得兴起时，他的妻子却突然打来电话，张智光干脆看也没看，还将手机调成了静音。直到半夜时，他才拎着一大桶鱼的收获回家，但却发现家中空无一人。经过询问邻居，他才得知自己的母亲因突发心脏病被送往医院，他的老父和妻子也赶往医院照料了。

张智光听后当即慌了神，顾不得一大桶的鱼儿，匆匆打车前往医院。好在医生抢救及时，他的母亲最终安然无恙，但他自己却被妻子狠狠训斥了一番，他的老爹更是气得当众扇了他几个耳光。直到此时，张智光才幡然醒悟。

事实上，因垂钓上瘾而影响生活工作的例子还有很多，因此我们切不可因垂钓的乐趣就过了头。放松身心一旦过度，反而会迷惑身心，其中的道理人们不可不察。

08 爱自拍是心理疾病，还是正常需求

在旅游景区游玩时，我们经常可以看到拿着相机四处拍照的人，其中，拿着自拍杆对着手机摆 POSE 的女孩儿尤其居多。即便许多人在看到朋友圈里的自拍后，都会嗤之以鼻，但却不会影响到自拍者本人的热情。

对于自拍这一喜好，国外有一些心理学家视其为"一种心理疾病"，与畸形恐惧症密切相连，但也有更多的人表示反对，认为这只是一种正常的需求。在他们看来，自拍本质上是对容貌的自信，而畸形恐惧症却是对容貌的厌恶，两者显然完全不同。

许多人都有着渴望关注、渴望称赞的虚荣心理，女孩子相比男生要更加明显。许多人自拍之后，都会对图片进行精心修饰，然后发在朋友圈中，目的其实就是为了能让别人点个赞，或者多夸奖自己几句。与此同时，爱自拍的人往往也属于表演型人格，喜欢以自我为中心，让别人围着自己转，这也是他们喜欢自拍的原因之一。

现实当中，每个人都有自我认识、自我强化的心理需求，而自拍恰好能够满足这两种心理，带给人极大的满足和强化。此外，观赏照片的人在本能窥视欲的刺激下，也会对自拍者十分追捧，这就使后者感到了更多的虚荣。再加上人与人之间互相攀比的心理作怪，那些颜值较高的人就更喜欢通过自拍来"宣战"。

通过自拍和上传朋友圈，人们不仅可以将自己美好的一面展示给别人，还能凭借照片满足人际交流的欲望，可谓一举两得，但如果沉溺于自拍，以至干扰到正常的学习、生活和工作，那就真的是一种心理障碍的病态表现了。

丹尼·鲍曼是一名19岁的英国男孩儿，也是"英国第一个自拍上瘾症患者"。早在15岁时，鲍曼就喜欢上了对着自己按下快门的感觉，并且近乎疯狂地给自己每天拍照，最多时一天竟然高达200多次。

和许多人一样，鲍曼每次自拍后，都会把照片上传到社交网站上，然而别人的评价一旦不好，他就会产生强烈的挫败感。为了能让别人夸奖自己，他甚至还努力想要成为一名男模，然而他的体形和肤色却都被模特公司否定。此后，鲍曼开始疯狂减肥，并开始对着镜子疯狂自拍，每天都要花费足足 10 个小时，甚至为此 6 个月没有出门，连学业都放弃了。他的父母为此深感担忧，想要阻止他，但情绪激动的鲍曼竟然打算攻击父母。

最终，鲍曼发现自己无论如何都拍不出自己满意的照片，这才放弃了自拍。这本是一个好消息，但与此同时他又打算放弃自己的生命。对自拍彻底失望的鲍曼偷偷地服下了安眠药，好在他被及时发现，这才挽救了他。

虽然肉体得到拯救，鲍曼的精神却依然无处寄托，于是他的父母只得劝说他接受治疗。在医生的努力下，他这才开始控制自己，并一连 7 个月都不曾自拍。随着自我控制能力的提高，他的状况这才渐渐好转。

像鲍曼这样极端的例子虽是少数，但自拍成瘾的人在国外也并非少见，无怪乎国外有人会将它视为心理疾病，而且，这种心理疾病引发的自杀率也极高，这一切都应当引起我们的重视和警惕。

自拍一旦成瘾，就需要对患者进行心理治疗和药物治疗，其中的心理治疗，就是要引导患者正确看待自己的社会地位、塑造健全的认知观念，培养平和乐观的心态。喜欢自拍的人更应当明了：自拍虽然有助于自己展示魅力，但如果总是想着靠它来获取别人的关注，就很容易引来大家的反感，这反而是对自身美好形象的破坏。

09 喜好文玩：雅致背后，内心是否同样悠然

走在路上，我们经常可以见到不同身份的人，在脖子或手腕上戴一串珠链，或是在手中慢慢把玩、摩挲，这些人显然就是文玩爱好者。比起穿金戴银的暴发户，这类人无疑显得十分风雅、文艺。

如果我们对整个文玩圈子进行了解，就会发现每一位文玩人士的心理

想法，都有着很大的不同。虽然表面上看似雅致悠然，他们内心可能却对文玩有着截然不同的、或炽烈或功利的心理。

急功近利

许多包浆完美、色泽好看的文玩物件，都是经过主人多年的反复把玩、摩挲，才成为众人眼中的"极品"，这是一个自然而又长期的过程。但是许多初入圈的新人，却不知晓"一分耕耘，一分收获"的道理，满心只想着能够尽快盘出自己想要的模样。然而这种心态却与文玩的初衷正好相反。

收藏文玩的初衷，就是希望人们虽然身处浮躁的社会，也能保持淡泊宁静的心灵，是一种对精神的净化。然而许多人从一开始就迫不及待，内心充满狂躁，这显然背离了文玩的本意。

追求完美

文玩把件之所以吸引人，往往是因为它们的美观外在，但即便如此，它们也还是存在一些天然的瑕疵。这种天然的瑕疵，其实正说明了世事无完美的真理，但许多文玩者却并不买账。动辄搜寻文玩的他们看似是醉心其中，其实却是沉溺于追求完美。即便穷尽力气去寻找，他们最终也肯定会失望。

贪图小利

文玩圈子良莠不齐，一样充斥着糟粕，因此一些文玩者也会抱有侥幸心理，整天想着如何淘到"漏网之鱼"。但是，他们所期许的结果显然也违背了市场交易的规律。为了贪图便宜，这些人经常反复比较，拼尽心思地选择价格低廉的"上等货"，但结果只能是事与愿违。

攀比炫耀

文玩的初衷本是为了净化心灵，培养从容淡泊的气度，但有一些"文玩爱好者"却截然相反。比起注重"文"的真正玩家，这些人其实毫无文化修养和底蕴，更不懂得文玩背后所代表的意义，只是挑选昂贵的东西带出门去，以此作为炫耀。即便手中的物件再脱俗，挂在他们身上后也会沦为金银这样的俗物。

陈鸣原本对文玩毫无概念，但随着文玩热潮在朋友圈的兴起，他也开始跃跃欲试。尽管身边也有几位行家告诫他文玩圈子"水很深"，但他却始终置若罔闻。

一开始时，陈鸣也像许多文玩新手一样，专挑便宜的物件买，美其名曰"捡漏"，但逐渐他却发现自己才是被商家捡漏的那个。在这之后他才对几位朋友的告诫有所醒悟，但此后却又转而追求高价的物件。

高价的文玩市场，同样是一片良莠不齐，对此缺乏经验的陈鸣虽然精挑细选，但还是吃了一些小亏。就在这时，他无意间听到别人说，市场上假货虽多，但自己家中的老秤杆却是实打实的老料、好料，陈鸣听后顿时大喜。原来在他家中，也有这么一杆老秤，他当即跑回家中取出，并将其做成了几串手串。

但令他没有想到的是，自己的父亲得知之后，却气得暴跳如雷。原来，陈鸣家中的这杆老秤是用黄梨花木手工制作，材料确实是好料，但在做成手串之后，文化和工艺价值却都被毁得一干二净。像这样的老古董，即便是一些博物馆也在以重金收购，看似得了便宜的陈鸣，其实却给家里带来了巨大的经济损失。

文玩的初衷即在一个"文"字，东西的好坏、价格其实根本就不是那么重要。但现实当中许多追捧文玩的人，其实不过是看中了文玩的价格，把它视为与他人比拼、显摆财力的工具，距离"文"字差了十万八千里。

一件好的文玩，必须是一种精神的"物化"承载，需要文玩者本人做到正身、诚意。如果抱持着别样的目的，文玩就已经失去了其本来意义。对于初入圈而缺乏认知的玩家，这一认知尤为重要。

10 心理问题也会导致五音不全吗

通常在聚会之后，人们接下来就该进入娱乐环节，其中有一种深受欢迎的娱乐方式就是 K 歌。但进入 KTV 包厢、拿起话筒之后，一些五音不全的人就会原形毕露，或者原本唱得不错，想展现自己天赋异禀的，结果却唱得乱七八糟，这种情况也就是失歌症。

高中毕业后，拜尔德参加了班级里的毕业派对，这也是他第一次与同学们在一起尽情玩乐。当派对的气氛逐渐燃起时，拜尔德也在同学们的一再鼓励下，扭扭捏捏地上台献唱，全场的气氛顿时达到了顶点。

但是，这一切却并非是因为他唱功高深，而是恰恰相反。当拿起话筒唱出第一句时，拜尔德就完全跑了调，但他自己似乎浑然不觉。看到周围的同学纷纷挤眉弄眼、笑意古怪，沉醉于其中的拜尔德更是不明所以，只得硬着头皮与大家继续一起"嗨"。

献唱完毕下台之后，他的几位死党才指着他哈哈大笑，直说他是"噪音制造者"，这令拜尔德十分不解。在得知自己完全不在调上后，他表露出一脸不敢相核的震惊表情。

这种五音不全的唱歌跑调，又被称为失歌症，全世界大约有 4% 的人都是这一类患者。除了先天的缺陷意外，心理方面的原因也会引发这一情况。

声音，是比语言更早的沟通和交流工具，不同的声音也对应着不同的内在情绪。当一个人的心理活动出现异常时，发出的声音也会随之改变，这就是有的人喜欢唱歌，但却总是跑调的原因。

有的人性格内向害羞，一旦站在舞台上就会十分紧张，如案例中的拜尔德，就是典型的一类。在他们的潜意识中，会将声音看作是一种传递自己意志的，带有"攻击性"工具，而他们本身往往却畏惧这种表达。为了避免自己表现出过强的"挑衅"和"敌对"之意，他们就会不由自主地对声音进行抑制和扭曲，使得自己唱出来之后完全不在调上。

当我们还是孩子的时候，声音大多十分清澈、干净，称得上是天籁之音，但在后天的成长环境中，每个人所经历的事情，都会影响到自己的心理发育。当心理受到干扰之后，我们发出的声音也就不再澄澈，这种情况往往也不是修炼唱功就能改变，而是要在心理上进行调节。

自从父亲一去不归后，托马斯就成为了母亲发泄怨恨的出气筒，这给他的心理造成了巨大的创伤。长大之后的托马斯经常和朋友出去唱歌，但每次拿起话筒唱歌的时候，他几乎都是在声嘶力竭地吼叫，完全不在歌曲的调上。

对于他的这种情况，几位熟悉的朋友早已见怪不怪，只是他们也逐渐发现了一些问题。他们都曾一起私下练过唱功，也都有了一些进步，但唯独托马斯依然如故，没有丝毫的改变。他们对此百思不得其解，直到后来在心理老师的解读下，才知道与托马斯的童年经历有关。

由于早年母亲无故的迁怒，托马斯的内心情绪十分不稳，而且时至今日他的母亲依然如故。因此每当拿起话筒的时候，他都忍不住想要一吐胸中的愤懑情绪，这种心理实在难以抑制。针对他的这一情况，心理老师又特意进行了好几次辅导和安慰。从这之后，托马斯的朋友渐渐发现，他在唱歌时的表现越来越平静，声音也变得悦耳多了。

失歌症将唱歌跑调归结为音符认知能力的缺失，但唱歌者的心理原因也会引发五音不全。当自己心理紧张或激动时，唱歌者本人的全身肌肉也都会处于紧绷状态，声带也会因此而无法自如运动。

因此，唱歌跑调绝不仅仅是单纯的生理问题，也与一个人的心理活动，如内心冲突、压制欲望和防御心态等，有着十分紧密的关系。如果想让自己的歌声有所突破，就不能仅仅在唱功方面进行努力，还要考虑是否在心理方面进行调节。

11 跟风模仿别人，能否让自己更加完美

鲁迅先生曾说，第一个用鲜花形容女人的是天才，第二个是人才，第三个则是蠢才。但在现实当中，喜欢模仿而非原创的人却比比皆是，这种行为也被叫作"山寨"。

比起大人，小孩子的模仿行为更加直白，最常见的就是扮演各种卡通角色。这种行为既是出于喜好，也是源于被扮演的角色，符合了他们幼小内心的完美英雄形象。但不论是小孩还是大人，简单的模仿都不可能真正让自己变得完美，只能暂时麻痹自己罢了。

在一个偏远的村子里，住着一位十分自卑的人。每天他走在村里的路上，从没有一位村民会特别在意他，这使得他愈发自卑。

有一天，一家马戏团来到村子里进行表演，这使得包括他在内的所有村民，都感到十分欣喜。其中的小丑登场后，很快就以令人捧腹的滑稽表演，赢得了村民最为热烈的掌声，也让这位自卑的村民产生了深深的羡慕。

在马戏团走后很久，当地的村民仍然对小丑津津乐道，这个人于是灵

机一动，决定扮成小丑来取悦众人。于是，他特意购买了各种颜色的涂料，对着镜子给自己画出和小丑一样的白色面孔、猩红嘴唇、黑色眼影……化完妆走在村里路上，他也会特意模仿小丑的各种动作，果然受到了所有人的欢迎。甚至在有一天生病后，当他得知村民为看不到自己的表演而失望时，他还特意撑着病体走出家门，看到他的出现，人们当即为他热烈鼓掌。

此后，他终于觉得自己已经受到了欢迎，于是有一天为了省事，他出门前没有化妆，然而当他走到人群最密集的地方时，其他村民却并没有像往日那样热情。他想要主动开口，却也忘了自己以往是什么性格、什么语气，最终只能黯然离去。

喜欢模仿被视为是一种长期的、稳定的心理现象，但经常模仿的人本身却常常有着极端的心理活动。医学上又将这种心理称为镜像心理，这一心理也可视为因过度自信与过度自卑而导致的、持续的异常的心理。镜像心理主要分为亲密性和距离性两种。

所谓亲密性的镜像心理，主要是因过于自卑而引起，一般会发生在较为熟悉的两个个体身上。在人际交往当中，亲密的双方在身份、地位之间，难免存在高下之别，其中居于较弱地位的一方，就会下意识地以对方作为榜样和参照。这种模仿行为往往是无意识的，但对于被模仿的人而言，可能却是一种困扰。面对模仿自己的人，人们很容易就会觉得尴尬、麻烦，甚至产生厌恶心理，这对于双方的情感显然会带来许多负面影响。

一般，亲密性的镜像心理不属于病理性，只要程度不重，也就不算什么大问题，反倒是距离性的镜像心理更具病理性，同时在生活中也更为常见。

由于工作忙碌，许多父母都对年幼的孩子疏于照料，但这一做法却使得孩子们失去了正常学习和生活的能力。有一则新闻就曾报道过这样一件事情：由于父母长期疏于管教，两个孩子喜欢上了模仿和扮演动漫角色，到后来更发展为模仿任何自己看到的人，甚至连医生的问话也要模仿。病理性的镜像心理，严重的会导致患者彻底丧失生活能力，偏偏在儿童和青少年身上又十分普遍，只是程度轻重不一。

不论是亲密性的镜像心理，还是距离性的镜像心理，模仿行为本身都只是低端的复制，不值得人们去做，而模仿行为背后的心理扭曲，更应该引起人们的警惕。或许有些人认为自己不够完美，所以想要尽可能地将别人的优点化为己有，但这样反而容易造成邯郸学步的结果。即便想要追求完美，首先也应该承认、接受真实的自己，这样的勇气才是更为可贵的。

12 女孩子逛街购物时，为何总是不觉得累

如果要在男生中票选"女朋友最可怕的要求"，陪女朋友逛街买东西必定榜上有名。我们经常会发现这样一个有趣的现象：在长达几个小时的逛街中，娇弱的女孩子往往高兴得停不下来，反倒是平日里看似健壮的男孩子苦不堪言，巴不得早点儿回家。

平常怕累的女孩子为何从不觉得逛街买东西累？这大概是许多男生都十分不解的问题。对此心理学家则给出了明确的解答。他们指出：女性通过逛街购物，能够产生极大的心理满足感，哪怕只是了解商品价格却不购买。研究表明，女性甚至每5秒钟就会想一次购物，频率甚至高过了对伴侣的思念。

在原始社会当中，男人和女人各有分工，男性负责外出狩猎，女性则承担着采集和交换粮食的任务。这样看来，购物砍价确实是深深地根植于女性基因里的。许多男人平时总是抱怨伴侣太过磨蹭，但事实证明女人们

确实比他们精打细算得多。

埃米尔今年28岁，是一家广告公司的白领。在下班之后，埃米尔最大的爱好就是和几位交好的朋友们一起逛街，有时哪怕只是问一下商品价格，都让她感到十分满足。

有好几次下班后，埃米尔的老公琼斯都会来准时接她，但埃米尔总是会拉着琼斯一起逛街买东西。秉持着绅士风度，琼斯每次都会陪着自己的妻子一起，但妻子超乎寻常的旺盛精力，让他感到有些吃不消。

时间一久，琼斯对埃米尔的疯狂逛街终于有些沉不住气了："亲爱的，你难道不觉得我们花在逛街上的时间太多了吗？或许我们可以有别的选择……""我知道你会这么说，亲爱的"，埃米尔当场打断了丈夫的话，"但请你相信，我们并不是在浪费时间。如果你不相信，我们可以打一个赌，到时候你就会明白我的苦心了。"见到妻子如此说，琼斯也只好答应了。

接下来两人约定买一件相同的产品，结果琼斯花费了许多时间才找到专柜，等他急急忙忙地买下并赶回，却发现埃米尔早就拎着东西等在那里，而且价格竟然比他低了好多！直到此时，琼斯才不得不对妻子心服口服。

除了精打细算的生活理念之外，女性的逛街往往还有着其他原因。女人的天性就是爱美，对于美丽漂亮、造型精巧的商品，也很难有抵抗力。在平日的生活和工作中，女性一样会遇到各种压力，但她们其实比男性更加懂得应对。逛商场和购物过程中，女性可以尽情地享受穿戴和展示带来的快乐，在无形中消弭了自己的现实烦恼。

女性通常不会一个人上街，而是要和好朋友、闺蜜一起，这其中也体现了"群体认同心理"。相比异性，女性本能地更亲近于同性，但在职场当中，她们却总是要和形形色色的男性打交道。出于安全的考量，这个时候她们总是会绷紧神经，从而给自己造成很大的压力。比起职场，商场却是一个充斥着大量女性的场所，哪怕与她们并不认识，也不会交谈，女性只要身处其间也可以让自己感到惬意。尤其是在和朋友共同逛街的过程中，她们可以互相穿戴、比较，然后对对方的衣着和造型等进行评判、提出建议，这也是一种增强人际关系的良好方式。

许多男生或许还发现女孩子有看商品、问价格但就是不买的习惯，逛街之所以要花许多时间也正源于此。对于女孩子的这种做法，男生总觉得难以理解，但这在心理学上也有一个特定的说法——知晓心理。对于女性而言，买不买商品都在其次，只要能够知晓商品的价格、质地等相关信息，也同样可以使她们舒心。如果能够试穿一番，她们就更会产生一种拥有感，哪怕脱下后没有购买，也是一种十分美好的体验。

在购物的过程中，女性也会有各自不同的表现，比如有的喜欢随性购买，有的是提前想好，有的喜欢定期集中买同一类，有的则是长期专注于某一种。购买风格不同的她们，在性格方面也有很大差异。其实，对于男性来说，逛街也是一种不错的放松方式，只是许多男生并没有想到。

13 拿自己开涮，其实是对别人的试探

每个人心中都渴望称赞而厌恶嘲讽，但总有一些人在人际交往中会先发制己，率先拿自己开涮。更令人惊奇的是，这种自黑行为非但不会破坏自己的形象，反而更能赢得人们的亲近和好感。

自曝其短表面上看是自毁形象，其实，用在交际当中，毋宁说是对别人的试探。在与陌生人相处时，自黑既能最快地介绍自己的特色，给人留下深刻印象，同时也容易使对方产生亲近的感觉。顺着自黑之后对方的表

现，人们更能够进一步判断对方的性格，如安慰自己的人更加善良，点头附和的为人刻薄、转移话题的人则比较圆滑……种种情形不一而足。

自黑一方面是为了介绍自己、试探对方，同时也是心理学中，印象管理的策略之一。俗话说人无完人，在与陌生人交往的时候，与其等着自己的缺点暴露，破坏一开始时给对方留下的完美印象，倒不如自己率先打破这层假面，展现出一个真实而又风趣幽默的自己。如果是在一些敏感场合中，自黑更是化解尴尬气氛的最佳方式之一。

林肯是美国历史上最伟大的总统之一，但他的长相却很一般。当时许多人都直言不讳地说他丑，林肯本人对此也从不反驳。

在一次竞选时的辩论环中，林肯的对手道格拉斯当面斥责林肯，说他是个当面讲一套、背后做一套的伪君子，是个地地道道的两面派。林肯听后当即表示否认。他对台下的观众说："道格拉斯说我有两张脸，大家说说看，如果我有另一张脸的话，我能带着这张脸来见大家吗?"这一番话说出来后，台下当即涌起一阵爆笑，就连原本绷着脸的道格拉斯，也不由得翘起了嘴角。林肯嘲弄自己的短板，再加以发挥，这种尖锐而不刻薄的反击，反而显示出了他的大度和智慧。

初次见面时，身份地位居于高处的人，很容易给对方带来居高临下的心理压迫，这样就会导致气氛紧张，无法进行坦诚的沟通。与其这样，还不如通过自黑来放低身价和姿态，给对方传递出友善和亲近的信号。这样的自黑显然是一种极为高明的交际手段。

还有一种人也是为了塑造形象才进行自黑，但他们的想法就更加深邃了。心理学家阿伦森曾经做过一些研究，最终总结出著名的阿伦森效应：人们大都喜欢那些对自己表示赞赏的态度或行为不断增加的人或事，而反感上述态度或行为不断减少的人或事。说得简单一点就是，利用与自黑表述形成反差的真实情况，来进一步凸显自己的优点，令人觉得自己不但谦虚，而且十分优秀。比如说，一个人总说自己球技一般，但到了赛场上却能引领整个队伍发起进攻，这样自然会给人以极大的震撼。

从印象管理的角度来看，自黑显然是内心强大的证明，但有时候，那些性格懦弱的人也会通过自黑，来获取别人的安慰。比如有的人对自己的相貌不够自信，但又想从别人口中听到夸奖，于是干脆先主动贬低自己，这样一来别人反而会出于礼貌进行安慰。当自己对工作成果不满而自我批评时，别人也会出于安慰心理表示反对。

不论是哪一种情况，自黑的人显然情商更高，更容易受到人们的欢迎。比起别人，她们通常有着更为充足的自我价值感、自我效能感，并且胸襟十分坦荡。正因如此，他们才能坦然接受别人的调侃，甚至不介意拿自己开涮，以此取悦于身边的人。因此说，爱自黑的人运气通常都不会太差，并不是没有根据的捏造之词。

不过，自黑如果上瘾之后，也会给当事人带来一些消极的心理暗示，比如"我的能力确实不足""我确实不够漂亮（帅气）""走到这一步就足够了"等，这样反而会阻碍自己的进步，因此自黑也要适度。

14 健身狂人对自己的身体更加自信吗

忙碌了一天下班后，上班族们总算可以松一口气，但也有一些人会选择走进健身房去"折磨"自己的肉体。在健身房里，我们经常能看到一些人对着镜子自照身材，看起来充满自信。

但英国和澳洲的心理学家们却对此提出反对。他们通过调查健身狂人们对身体质量指数和脂肪的看法，指出喜欢健身的人，其实往往对自己的身体并不满意。甚至于他们在健身时，也不是想着要练出更好的身材，只是对自己先有的体型不太满意罢了。

现实当中，因一句"好女不过百"而疯狂节食减肥的女孩大有人在，但对自己身材不满的男性却鲜有听闻，于是人们也常常忽略了这一点。其实，那些在健身房里疯狂举铁、挥汗如雨的汉子们，和前者属于同一类型，只是他们的行为看起来更加积极向上而已。

进入大学不久后，阿奇尔就在一次聚会上，认识了校健美操队的队长安娜贝尔，并对她产生了爱慕之意。第二次见面时，阿奇尔就向安娜贝尔表明了自己的爱慕，然而安娜贝尔却断然拒绝。用她的话来说，"比起那些体格健硕的男子汉们，你对我的吸引力还差得远呢"。

阿奇尔对于自己的瘦弱体型，其实也十分不满，在被视为天使的安娜贝尔拒绝后，他更是感到十分羞耻。为了挽回安娜贝尔的心，或者说是挽回自己的尊严，他果断加入了学校内的健身俱乐部，成为其中体格最为纤瘦的一名成员。

每天晚上，阿奇尔都会换上健身装备，准时来到健身房里练举重，而且比起他口中的"大块头们"，他显得更加急迫。早在健身的第一天，他就因为贪图大重量（其实在旁人眼中轻而易举）而被死死压在躺椅上，最后还是在旁人的帮助下才脱身，闹出了一个大笑话。

不仅如此，在健身期间，阿奇尔也没有过多了解健身的具体知识，只是将一些动作和要点铭记在心，然后埋头去练。"我的身材还差得太远"，这是自从健身后，朋友从阿奇尔口中听到次数最多的一句话，但看着他每次照镜子时皱起的眉头，一旁的人就觉得他恐怕永远都不可能满意了。

许多人虽然名为健身，但心中却并非抱持着积极的态度，而且也并不是为了追求健康。他们这种片面追求肌肉或体型的做法，反而会对身体健康造成损耗，可以说是十分不当的。

此外，还有一些人则是典型的自恋者，他们通常有一个显著的特点：

在健身房频频照镜子。这些人沉迷于健身和塑形的表现，也体现了动物的心理本能。

自然界中，许多动物都会通过自身表现来吸引对方，比如鸟儿歌唱、孔雀开屏等，可以说，身体的美感对心灵的冲击，是极为直观而重要的。比起弱不禁风的书生模样，健硕挺拔的猛男形象更加符合原始审美，也更加受到人们的欢迎。

有一句话说，人最大的敌人不是别人，而是自己。对于那些渴望成功的人来说，没有什么是比战胜自己更加伟大的成就了。虽然健身被称为是"唯一一个付出就有回报的行动"，但也有很多人会因懒惰而无法坚持。但对于一心追求改变和成功的人而言，健身正是砥砺身体、磨炼意志的最佳选择。

对于另外一类喜欢交际的人来说，健身本身带来的改变虽然可喜，但那种与人互相努力、一起成长的快乐，才是更加美好的体验。在他们眼中，健身更多的是一种社交手段。在健身房里经常会出现一些热情洋溢、乐于主动搭话甚至指点新手的热心肠人士，他们就属于这一类型。

第六章

举止掩盖一切，却又暴露一切

在人类的心理活动中，举止行为是最能反映一个人内心情绪变化的动作。心理学家指出，人们会通过一些举止将内心的感受表达给他人，在人们做的不同的行为之中，或是某个表情动作之中，脸部会"泄露"出其他的信息，尤其是脸上不受人意识支配的微表情，虽然这个动作持续的时间只是一瞬间，但是它却最容易暴露一个人的真实情绪。因此，只要你掌握了它，便可以通过表象去窥探内心的律动，把握情绪变化的尺度，了解感情互动的根源，从而使你在社交场合占据有利地位。

01 抢着买单，就能买到面子和自尊吗

生活闲暇之时，邀三五好友举杯畅饮，本是人生一大快事，但到了最后的买单环节，又不免让人面面相觑。有一些人为了所谓的面子和自尊，总是第一时间就起身掏腰包，但这样的做法往往看起来更像是故意显摆。

老李从小就是一个极好面子的人，每次参加什么团体活动，他总是会表现得十分"突出"。一旦到了需要掏腰包的环节，老李更是抢着掏兜，同时还要放话表示"谁都不准和我抢"，久而久之同事们也就习惯了。

有一次，一位同事拿到奖金后邀请众人吃饭，老李也在邀请之列。按理说，既然同事已经表示做东，老李就不需要再多此一举，然而等到吃完饭后，他又急急忙忙地站了起来。看到他的这一举动，做东的同事当即站出来反对，然而老李就是不肯罢休。两人为此争得脸红脖子粗，差点儿就把一场庆祝变成了斗殴，最终那位同事还是选择了让步。

如果事情到了这里也就罢了，偏偏在接下来的日子里，老李私下却又抱怨那位同事小气，更多的是对自己付账一事十分得意。这一消息很快就传遍了整个单位，那位同事也听到了老李的自夸。从此之后，那位同事便疏远了老李，单位其他人也开始有意无意地回避与老李同桌吃饭。

吃饭买单，本来是掂量实力、有你有我的人情往来，但偏偏有一些人把它看作是自己的面子。这一类人心底其实仍是充满自卑、害怕被别人看不起，所以才总是抢着掏出腰包，觉得这样就可以买到所谓的面子和尊严。他们对金钱看得十分重要，更担心被看作是没钱的人，为此才会不惜

"打肿脸去充胖子"。

好面子、自尊心强，是大部分人都有的心态，但这些心态更应该是促进自己，而非拖累自己。许多时候，好面子的人或许只是想要展示自己的友善和热情，但一再的主动示好，却会让自己处在更加尴尬的境地。越是怕别人不重视，就越是会被别人的眼光所影响，即便再怎么大方、豪爽，也只是让自己更加为难罢了。

在几位朋友当中，坎蒂丝的家境相对最好，自己的薪水也比较高。因此每当到了周末下午茶或是聚餐时，她都会主动买单，她的朋友们也对此十分坦然。

然而坎蒂丝的心中却并不是很平静。一开始的时候，她只是出于天生的热情，才会率先付账，但在有过几次这样的举动后，她的朋友每当到了付账时，都会继续坐在那里，若无其事地继续闲聊。其实如果自己也坚持坐着不动，朋友们也会"识趣"，只是她自己始终拉不下脸，只好匆匆地起身付账，然后众人一起离去。

和自己的一位至交好友私下议论时，坎蒂丝难免要抱怨几句，但如果朋友劝她不要老是急着买单，她又觉得自己难以做到，因此就连这位朋友也不知该如何安慰她了。

有句话说，"面子是别人给的，脸是自己丢的"，而为难和尴尬则是自找的。至于别人的一再索取、贪得无厌心理，往往并非他们生来如此，而是另一方的热情、善良惯出来的。这样的做法其实也是缺乏自我保护意识的体现。

内心缺乏自我保护意识的人，总是想着尽可能地讨好别人、为别人付出，却忘了自己为此需要承受的委屈。与此相对的，却是对方在享受这份付出后，愈发坦然的自私心理。对方越是坦然地享受自己的付出，这些人就越是觉得委屈，但又只能默默忍受。因此，尽管在付账时最主动，他们却无法真正的赢得面子和自尊，反而会因此十分愤懑，甚至还会在私下抱怨别人。

表面上看，他们抱怨的是那些一味索取的人，但事实上他们真正痛恨的，却是那个无力反抗、只会低头忍让的自己。只是为了逃避谴责，他们心中并不愿意承认自己的无能和怯懦，只好把错误都归咎于别人身上。显然，这样的做法根本就毫无面子和自尊可言，只不过是让自己愈发处于弱势地位罢了。

02 说话时吐舌头暴露着什么讯息

在和人面对面交流的时候，我们有时会发现一些人无意间地吐舌头，一些女孩子尤其喜欢这样做。从心理学的角度来看，吐舌头这一微小的动作，其实也能传递出丰富的讯息，其中更多的则是拒绝和否定。

华纳是一个好吹牛的小伙子，他的这一习惯也深为身边人所讨厌，每当他在人群中自吹自擂时，他的朋友们都十分无奈。

有一年假期结束后，华纳又向几位同学滔滔不绝地讲述起自己的经历，期间还特意提到自己有一位特别富有的亲戚。不仅如此，他还说自己在这位亲戚的帮助下，成功地与某位偶像见了一面，甚至还要到了该偶像亲笔签名。

听到这番自吹自擂，有几个人当场就翻起白眼，还吐了吐舌头。见到朋友们这样的表情，华纳不禁脸上一红。果然，接下来几位朋友就主动嘘声，直接问他是不是又在吹牛，华纳只得讪讪地笑着承认了。

当遇到一些自己不愿面对的人或事时，人们都会下意识地做出吐舌头的举动，这一举动的背后源自我们的本能。当一个人还是婴儿时，不仅没有说话能力，也没有自己进食的能力，只能由父母进行喂养。一旦吃饱后，婴儿为了表示抗拒，就会用舌头把食物推出嘴外。即便是在长大之后，人的这一本能动作却依然被保留下来，当内心出现抗拒情绪的时候，就会不由自主地表现出来。当这样做的时候，当事人的内心其实是希望一切尽快结束，或是不耐其烦想要摆脱之意。

如果仔细观察我们还会发现，许多人在专心工作的时候，都会摆出一副张着嘴的"呆萌"表情，其中就有一些人也会伸出舌头。这个时候的人往往是不希望自己被打扰的，因此，他们虽然并没有开口或参与讨论，却也在无意间表明了自己的拒绝之意。如果我们想要找某人闲聊，却发现对方正处于这样的专注状态，就最好不要主动上前打搅了。

比起男性，年轻的女孩子往往更喜欢做这样的动作，相信许多人对此都印象深刻。如果是女孩子对异性做出这样的举动，往往却有着别样的含义，尤其是在两人关系亲密的情况下。

奥斯蒙与卡萝是在一次校园派对上结识，之后两人就成为了好朋友。对于比自己高两届的温柔、博学学长奥斯蒙，卡萝心中十分亲近，越是相处就越是喜欢他。

对于这位性格温婉、谈吐不俗的学妹，奥斯蒙心中十分动心，但看着卡萝和自己相处时的欢快模样，他又不知道对方心中究竟将自己视为什么。也许她只是把我当成聊得来的普通朋友？每当想到这一点，奥斯蒙心中就十分黯然。

日常相处中，卡萝经常会对奥斯蒙做出吐舌的动作，看起来既调皮、又可爱，更使得奥斯蒙怦然心动，有种忍不住想要轻吻的想法。得知了他的想法后，几位好哥们儿也纷纷鼓励他去追求卡萝。令他没有想到的是，当他好不容易鼓起勇气开口之后，害羞的卡萝很快就点头答应了。

女孩子越是对身边的男生亲近或有好感，就越容易做出吐舌这样略显无礼的举动，这种举动其实也恰恰说明了她们对身边人的信任、依赖，相信他们能够理解自己、接纳自己。

这一类型的女孩一旦坠入爱河，很容易就会演变为小鸟依人的类型，而且她们往往都是喜欢兄妹恋的一类。之所以这样，是因为她们的心理相对不够成熟，也缺乏足够的安全感，因此更希望有一个大哥哥式的角色来保护她们、安慰她们。

03 爱插嘴是情商低，还是心理问题

每个人在发言的时候，都喜欢尽情地论述自己的观点看法，这就使得那些喜欢打断别人自行插话的人，格外不受欢迎。对于这种人，我们经常会斥责他们"不懂礼貌""情商太低"，但这种情况其实还有着心理方面的问题。

从心理学的角度来看，每个人都无一例外的是从青春期走向成人期，其中在青春期时有一个显著的特点，就是以自我为中心。这一时期的人都把自己视为人群的核心，不懂得去体谅他人，并且更加急迫地想要展示自己。但是这种做法显然并不讨人喜欢。

碧翠丝一直都认为自己很热情，但她身边的人却并不这么认为。在他们看来，碧翠丝只是一个总使人难堪、情商低下的人罢了。

有一次，碧翠丝和几位朋友一起逛街，期间一位好友奥罗拉提到自己新买的一件衣裙，并眉飞色舞地向大家介绍起来。但就在她兴高采烈到一半时，碧翠丝却接过话头，表示自己早就看到了那款衣服，并且十分喜欢。她的中途插话使得奥罗拉心中不快，但看在碧翠丝也是出于认可的份儿上，她并没有多说什么。

又有一次，大家在一起商量去哪游玩，另一位好友柏妮丝当即建议去游乐场，并拿出自己事前特意规划好的路线向大家介绍，但她还没说到一半，碧翠丝就再次打断了她，并且对柏妮丝的出游方案加以否定。柏妮丝不满之下，当即借口有事先离开，其他几位朋友也都不欢而散。

在青春期的阶段，青少年有时会无法确定自己在社会中的角色，为此又引申出心理学上的一个概念——自我同一性。对于自我同一性，迄今为止，西方心理学界也都没有形成统一认知，只能将其大致解释为青少年的需要、情感、能力、目标、价值观等特质整合为统一的人格框架，即具有自我一致的情感与态度、自我贯通的需要和能力、自我恒定的目标和信仰；如果自我同一性没有得到长足的发展，就会出现混乱。

在自我同一性缺失的前提下，青少年很难做到正确看待别人的目光，甚至还会对他人抱有怀疑或敌意，因此，他们才会采取打断别人这种无礼的方式，来进行自我防御。另一方面，因自我同一性缺失而造成的社会角色定位失败，也会使他们产生焦虑，甚至出现焦虑症、焦虑型人格，因此，面对别人的言谈，他们才会无法淡定，不得不选择打断来安抚自己。

焦虑症的典型症状之一，就是患者的语言活动会大幅增加，而焦虑型人格的人也是一冒出想法就十分急躁。有时候即便意识到自己过于心急，他们却还是无法控制自己，否则就会处于焦躁不安之中。个别情况下，一些喜好出风头儿的人也会有打断别人的举动，但这种爱表现的心理，其实也是十分消极的。

希巴斯汀是一家网络公司的资深设计人员，在入职后曾参与过许多重大项目设计。但就是这样一位能力突出的优秀员工，最近却使得上司十分苦恼。

"我们真的不能再容忍他指手画脚了"，周一下午刚刚下班，就有一名员工走进了项目主管罗德里克的办公室，向他喋喋不休地抱怨，"自从分配任务之后，希巴斯汀已经多次在共同商议时打断我们，随意否定我们的方案，甚至还故意不肯配合。即便他的资历比我们每个人都要多，请恕我们直言：这样一个自我的傲慢人士，我们实在没法与他共事了！"面对着已经不是第一位来到这里诉苦的下属，罗德里克满脸无奈。

事实上，就如同那位员工所言，希巴斯汀虽然能力突出，但他超强的自我意识也是公司所有人都十分了解的。尽管自己已经特意选择了一批较能忍让的员工，事前也提示过希巴斯汀，但后者显然根本没能听进去。最后，罗德里克只得将希巴斯汀调出了小组，而后者直到在小组会议期间接到通知，才愕然地停下了自己的滔滔不绝。

如果把自己看得太高，不尊重别人的言论和付出，就很难在团队中立足，做出什么实际的成果，因此，不论是哪种情况的插嘴，都最好在日常交往当中加以规避。

04 背后说人看似不妥，却是正常的心理需求

比起当面的否认或批评，人们最不能接受和原谅的，就是那些背后说长道短的人。在许多人看来，这种举动就意味着虚伪、恶意，是一种卑鄙的做法。

然而心理学家对此却有不同的看法。他们指出：背后议论别人其实是一种正常的心理需求，仅次于人的吃喝欲望，甚至还要排在性欲之前。背后议论别人虽然不是很礼貌的做法，但往往并非源自恶意，只是一种排解压力的本能需求罢了。

列夫在工厂里工作了大半辈子，始终兢兢业业，待人和善，在工厂里享有很好的口碑。但在退休之后，列夫身边的亲友却发现他一改平日谨慎

作风，经常在私下说起厂里同事的种种事情。

有一次，一位厂里同事前来看望他，期间提到自己受到某位领导习难，感到特别不顺心。列夫听后一边安慰他，一边又神秘兮兮地讲起与那位领导相关的某件糗事，使得同事哈哈大笑。在和其他朋友、邻居闲聊时，他也常常说起厂里某某人的资历、能力和其他事情。一开始，大家都以为他是心怀不满，但听多了却发现列夫并非总是讲坏话，更多的只是随口提到某人某事，过后就不当回事儿了。

这样过了大半年后，列夫突然找到了新的生活乐趣——养花。从此，亲友们每次上门后，就再也听不到列夫大谈特谈同事，列夫本人似乎也突然失去了这一习惯。

由于生活状况的突然变化，许多人都会承受一些暂时的压力，这个时候他们就会有各种各样的表现。案例中列夫之所以在退休后议论同事，也是因为突然离开了工作数十年的工厂，心中有些失落、孤寂，以及对退休后生活的迷惘和小小畏惧罢了。因此等到他找到新的生活乐趣之后，就不再需要通过议论以前工厂里的人和事，来发泄自己的压力了。甚至于他的这种做法本身，其实也体现了他对工厂同事的留恋之情。

当两个人在私下交流时，谈论有关不在场的第三人的事情，确实是一个能够快速促进两人交流的方法，但这样的举动显然并不礼貌，用多了之后也会被对方视为是在搬弄是非。因此，背后道人长短的事情最后还是少做为妙，尤其是涉及他人的负面消息，更不应该随意传播。

卡密拉是一家公司的前台接待人员，和大多数公司的前台一样，卡密拉是一位十分漂亮的女子。按理说，这样的大美女应该广受欢迎才对，但事实上就连男性同事，也对这位美女十分疏远。

原来，由于职务之便，卡密拉经常能够接触到许多同事，这也就使她掌握了更多的"秘闻"。因此在私下里，她总是对着A同事，谈论B同事的负面消息，一转头又把 A 的糗事告诉给 C 同事。最初时大家也没有在意，但很快他们就发现每个人的隐私，都成了公司里人人知晓的"秘密"。从这之后，公司里就很少有人会对卡密拉敞开心扉了。

有一次，公司领导与一名女秘书因处理临时要务而很晚下班，卡密拉恰好目睹了两人一同出门的情景，她当即又把这一幕当作大新闻在私下传递。然而这一次她说的话却传到了领导耳中，这无异于捅了马蜂窝。本就因公司临时事务而焦头烂额的上司得知后，当即通过人事部门将卡密拉开除，卡密拉只得灰溜溜地离开了公司。

有些人虽然是出于爆料、看乐子的心态，才在背后大肆宣扬某人某事，但这种无恶意的做法却同样会造成不良影响，尤其是如果事涉对方名誉，这种举动就更加会令人反感、厌恶。喜好暗中搬弄是非的人，性格大多属于抑郁、内向一类，喜欢将事物的负面后果放大。因此，在谈论别人的时候，他们也常常会无意间放大了当事人的不足，这种心态显然并不健康。

05 自言自语说不停，压力也消弭于无形

如果在生活当中仔细观察，我们就会发现，上至 80 岁老人，下至幼年儿童，有时候都喜欢一个人待在那里自言自语。尽管看起来有些神经兮兮，心理学家却指出：这是一种缓解精神焦虑、消化心理压力、提高安全感的正常表现。就像人们在受到惊吓时会大声呼喊一样，自言自语也是一种发泄情绪、消弭压力的良好途径。

为了研究人类的心理安全感，心理学家们曾经做过这样一个实验：他们特意找来了被公认为是世界上最可怕的动物——蜘蛛，然后要求参与实

验者主动接近他们。

面对毛茸茸的、外表恐怖的大蜘蛛，许多参与人员都感到十分畏惧，不肯迈出自己的步子。于是心理学家又要求他们讲述此时此刻的内心想法。当这些人说出自己心中的恐惧后，他们的畏惧反而突然有所缓解，对于接近大蜘蛛一事，也不再那么抵触了。不仅如此，越是坦白自己害怕的人，就越是有勇气靠近那只蜘蛛。

恐惧心理人人皆有，但很多时候都只是自己吓自己而已。只要能够给自己一个开口说话的机会，许多人就可以成功调节自己的情绪，安抚自己的内心。但由于听众不常有，一些人才会无奈转为向自己"倾吐"，根据瑞典心理学家的研究发现，这种自言自语所起到的实际效果，和对亲密伴侣倾诉也没有什么明显的差别。

比起男性，女性更喜欢用这种方式来发泄压力，这就是在生活当中，女性显得更加啰唆的原因。事实上，她们并不是刻意要为难自己身边的人，也不是为了把自己的情绪发泄到别人身上。因此，作为男性应该学会适当地理解、容忍身边女性的"唠叨"。

麦基是一名初中生，从心理上来看，正好处于青春叛逆期。处在叛逆期的麦基对家人的管教尤其反感，以至于即便是母亲独自一人絮叨，他也觉得看不下去。

每天在麦基放学回家后，他的母亲都会主动询问她学校过得开不开心，然后就会开启"唠叨模式"：通常情况下，她都会从自己当年上学的经历讲起，然后顺着参加工作、结婚生子、做全职母亲的过程一直讲下去。期间麦基其实并没有仔细去听，他的母亲也并没有刻意要求麦基倾听，但麦基就是感到十分厌烦。有一次当自己打开电视时，母亲又一边收拾桌子一边自言自语，麦基一时心烦之下，当即对母亲大吼大叫，并怒斥她是"神经病"，母亲见状只好乖乖闭嘴。

此后每天放学回家，麦基再也听不到母亲说起陈年往事，但这样一来他反而有些不习惯了。其实之前母亲虽然"絮叨"，但却并没有真正影响到他，说到底是他自己太过叛逆。心中有些后悔的麦基这才决定向母亲道歉。

精神病患者在自言自语时，往往不会意识到自己正在自言自语，麦基的母亲显然并不属于这一情况。对于这一类人来说，有没有倾听的受众并不重要，说出来之后有没有得到回馈也不重要，重要的是自己必须把话说出口。心理学家曾经做过一个实验，把所有参与者的外部刺激全部隔离，并要求他们一直躺在床上。结果在过了 8 个小时之后，一部分人就开始自言自语，以此来化解内心的孤独。对于他们来说，自己的语言就相当于一种自我施加的刺激。

此外，自言自语还被心理学家认为是一种退化现象。之所以这么说，是因为许多人在婴儿时期，都会出现一边想一边说的情形，这也是大脑正处于发育时期的典型表现之一。这一时期人们虽然有简易思维，却又无法分辨什么话该说或不该说，许多人在成年之后却还是会出现这样的情况，因此也就理所当然被视为退化现象了。

但不论是哪种现象，在一个人拥有清醒自我意识的前提下，自言自语都不应该被视为一种病，更别说是精神病了。除非是出现了成瘾的情况，否则我们就不需要为此感到紧张。

06 突然整理仪容，意味着将要发起"进攻"

在一些会议讲话或是演讲现场中，我们经常会发现：人们一旦要上台发表讲话，总会在事前做一些整理仪容的小动作，比如扶一下眼镜、拉一下领口、跺一下脚之类。但事实上，这个时候的他们其实并不见得仪容不整，只是下意识地这么做罢了。

在心理学家看来，这种小动作背后，还有着其他的含义。他们指出：当一个人在类似情境下，做出这样的举动时，就表明他们已经开始转变态度，由一开始时的倾听，转为发起"攻击"。之所以做出这些举动，只是自己将要行动的信号罢了。

在自然界中，许多动物一旦发现自己受到人们关注，就会转而整理自己的皮毛，这样的做法也与人类相似。这种心理又被叫作自我注视。当人们进行自我注视时，也就说明他们开始关注自己的事情，并打算对对方进行挑战。

在学校的自由辩论会上，尼克勒斯与奥利尔等几位同学一同担任反方，负责与正方进行辩论。在这场辩论中，奥利尔可以说是出尽了风头。

每当正方辩手慷慨陈词之时，反方辩手都会屏着呼吸小心翼翼地倾听，奥利尔也毫不例外。但在对方即将陈述完毕之际，轮到自己发言的奥利尔，总是会做出各种动作，比如歪着头一边嘴角微翘，一边整理自己的领带，或者突然十分庄重地低下头去，扶一下自己的眼镜。紧接着在轮到自己发言时，奥利尔便会滔滔不绝提出反驳，就连尼克勒斯等队友也十分佩服他。

而且，由于自己的"高调"举动，正方选手每次在即将陈述完毕之时，也都会被他吸引而心神不宁，不由得担心自己是否表述不当。他的这一动摇，反而更容易给奥利尔留下破绽。最终，奥利尔凭借着这一"心理攻势"，成功抓住了对方的语言漏洞，使得对方甘拜下风。

在自己开口之前先做一些动作，一方面可以为自己接下来的表现预热，另一方面也是提前博取关注、为自己打气的方法之一。在对谈性的商务会面当中，一个一直保持沉默的人突然做出这种动作，更是会让人感到高深莫测、心中不免惴惴，这也是商务洽谈中的心理战术之一。

奉上级指示，理查不得不牺牲周末时间，与其他几名同事共同代表公司，前往参加一桩商务洽谈。但被剥夺了周末时光的理查显然并不开心，从他那不耐烦的神色中，就能看出一二。

开始会谈之后，理查出于礼仪不得不收敛起自己的表情，但长久的倾听对方诉说，又使得他十分不耐，百无聊赖之下，他便开始时不时整理领带，或是看一下手表。然而他的这些无意举动，却被对方误以为自己的项目不被喜欢，顿时有些吃不准，也不敢狮子大开口了。

最终，为了稳妥起见，对方选择以原价2/3的金额提出交易，这一提议令理查等人也大吃一惊，显然他们也没有料到。当然，理查等人更没有料到的是，促成这一结果的，竟然是理查无意为之的种种举动。

除了表明昂扬斗志之外，整理仪容也会传递出一种防御的信号，表达出浑不在意、不想继续话题的含义。这在一些重大的会谈场合中，也足以引起许多人的重视和揣测。巧妙地利用这种心理暗示，有时候也能更加高效地达成自己想要的结果。

07 交叉紧抱着双臂，是防御心理的体现

在和别人交谈时，每个人都会摆出不同的姿态，其中有一个双臂抱胸的动作，我们一定不会觉得陌生。从心理学的角度来看，有此类动作习惯的人，就属于防备心很重的一类。

防备心重的人不仅不喜欢坦诚对人，平时相处时，更会刻意地与他人保持距离，或是摆出疏离淡漠的姿态。如果他们在交谈中做出双臂抱胸的动作，就意味着他们其实并不充分信任对方，甚至即便口头同意，内心也很可能是持相反意见的。说到底，这种姿态实际上就是给自己构筑一道心理防线，使自己能够与对方保持距离。

在公司的授意下，科蒂施与另一家首要合作公司的主管克雷蒙特进行了会晤，就双方的合作事宜进行了洽谈。会谈过程中，科蒂施向克雷蒙特介绍了许多关于自家公司的信息，并极力劝说双方合作，后者也频频点头。

看起来，双方的合作似乎很快就会敲定，但科蒂施却发现在洽谈过程中，克雷蒙特始终都保持着双臂交叉紧抱的姿态，看起来十分倨傲。在职场工作多年的他当即留上了神，在结束会谈后向公司汇报时，也表明了自己的顾虑，并建议公司做好与其他公司合作的方案。果然，最终克雷蒙特并没有答应双方的合作，而科蒂施一方也因应对充分，得以及时与另一家规模较大的公司联合。

双臂交叉的动作，能够表露出一种十分强硬的姿态，许多人在拒绝别人时，都会下意识地做出这个动作。许多女性在不想接受异性的好意时，也会做出这样的动作，虽然看起来可能很优雅，但对主动追求的一方而

言，却并不是一个好的讯号。关于人为什么会表现出戒备之心，科学家给出的解释是：这一类人在幼儿时期，很可能没有得到父母的充分呵护，所以才会对别人产生不信任。

对于一些犯下过错的心虚之人而言，双臂交叉的动作也能给他们更大的安慰，能够缓解他们的焦虑和惶恐。但与此同时，他们也等于是暴露了自己的心虚。从他们的这一举动，就可以比较准确地看穿其破绽了。

格雷格探长是警局的老牌警官，也是一位善于抓住任何蛛丝马迹的优秀警察。无论嫌疑人表现得多么镇定，他总能很快就发现对方的破绽并将其拆穿。

有一次，格雷格又带着警局新人盖理去调查一名糕点师的杀人案件。这位糕点师不仅长相英俊，能够在第一时间给人以极大好感，同时也表现得十分镇定，应对温和，甚至还主动为他们制作糕点，邀请他们品尝。在谈话结束返回之时，新人盖理主动向格雷格表示怀疑，认为这名友善的糕点师，不太可能是犯案凶手。

但格雷格却表示反对。因为他注意到，在谈话过程中，这位糕点师时不时地就会抱紧双臂，表现出强烈的防备心；即便是在看他们品尝糕点时，也摆出了相同的姿态，甚至还紧紧地握住了拳头，这已经是怀有强烈敌意的证明了。格雷格因此断定：这名糕点师一定有问题。于是他临时决定：再次造访这位看似温和的糕点师，并换了一种方式询问。果然，已经放下心来的糕点师被打了个措手不及，言语之间漏洞百出，不得不承认了自己的犯罪事实。

当我们要表达自己的热情时，经常会用拥抱来作为热烈的表达，拥抱动作的一个前提就是张开双臂。既然如此，紧抱双臂的动作所传达出的，自然就是完全相反的含义——拒绝、排斥。这也佐证了交叉双臂背后的防御心理。

有时候我们会发现，某些人会用左手托着其右手的肘部（或者相反），然后用被托着的手托住下巴，这是一种类似交叉双臂、但含义又截然不同的姿态。摆出这种姿态时，人们的潜在心理是想表现自己、吸引对方，并希望对方能够正视自己。如果在谈话时发现对方（尤其是自己钟情的异性）做出这样的动作，那就不妨更加主动、大胆一点去追求自己的幸福吧。

08 有泪不轻弹才是真伤心，更是心理障碍

许多人都会注意到这样一个奇怪的现象：分手之后，其中一方总是悲痛欲绝、号啕大哭，但另一方却表现得若无其事，仿佛无关痛痒。通常人们总会同情前者可怜，痛骂后者"人渣"，但真相真是如此吗？

分手后哭的梨花带雨的，多数是女性；看起来从不流泪、没有任何情绪波动的则是男性。有句话说得好：哀莫大于心死。比起还有心力去哭的那一方，已经哭都哭不出来、却还要坚称"有泪不轻弹"的，其实才是更加伤心的那个。不仅如此，心理学家还指出：哭不出来也是一种心理障碍的表现。

爱德蒙与汉娜是朋友们公认的恩爱情侣，但没想到的是在相恋 7 年后，双方却选择了突然分手。分手后，汉娜当即把消息告诉了所有朋友，并在她们的安慰下，着实痛哭了好几场。

在接下来的 1 年中，汉娜始终一蹶不振，但随着时日的推移，她也开始逐渐走出阴影，后来又在朋友的介绍下，认识了另外一位帅气温柔、家境富裕的男子，而爱德蒙则表现的若无其事，每天正常上下班、和朋友玩乐，他的几位好友也是直到 3 个月后，才得知了他的分手消息。为此，汉

娜的几位闺蜜私底下没少骂爱德蒙是个"人渣"。

2年之后，汉娜与新男友步入婚礼殿堂，而此时的爱德蒙却逐渐表露出自己的伤心。每次和朋友一起出去时，他独自一人发呆的时间越来越久，对于其他女孩子也始终保持距离。一转眼又过了好几年，爱德蒙仍旧是众人眼中的单身汉，而汉娜已经是两位孩子的妈妈了。

英国伦敦大学学院和美国宾汉姆顿大学的研究人员共同做过一项调查，最终发现：在分手之后，女性的情绪会表现得更为激烈，伴有痛哭、吵闹，甚至轻生等种种行为，但往往很快就会走出过往；反倒是看起来"轻描淡写仿佛没爱过"的"渣男"，却很难完全恢复。有一个最显著的例子即是美国总统布坎南，在女方误会自己并猝死后，终其一生都没有再次恋爱，把感情彻底寄托在了为公众的服务当中，成为美国历史上绝无仅有的一位终生未婚总统。

伤心难过时哭泣，其实是一种正常的情绪表达，但现实社会对男性和女性的不同要求，又迫使男性不得不选择隐忍。女性在伤心时悲伤痛哭、楚楚可怜，基本都会赢得人们的同情，但如果男人表现出这副模样，则不免被视为缺乏男人气概。因此在遇到伤心事的时候，男性就会下意识地遏制自己的情绪，为了尊严而把悲伤都隐藏在心底，结果就是苦涩愈发绵长。

然而流泪又是发泄悲伤情绪的最有效方式之一，俄罗斯心理医生纳杰日达·舒尔曼就指出：眼泪是化解精神负担的一味"良方"。一个人如果遇到重大挫折却哭不出来，很有可能并不是"未到伤心处"，而是心死成灰。这种情况又被视为是心理障碍的一种，甚至还会引发身体其他部位的疼痛。

卡洛琳自幼与母亲相依为命，因此在得知其母去世后，她的几位好友都表现得十分担心，然而，在接下来的日子里，习惯了坚强的卡洛琳，始终没有表露出过多悲伤，但这反而令人更加担心。

不久之后，卡洛琳的身体就出现各种不适，其中最折磨她的就是胃痛。但事实上，她的饮食习并没有任何不当之处，因此她只得去请教私人医生。经过诊断后医生才告知她，她的胃痛并非因饮食而起，而是由于伤心过度引发的神经性胃炎，其实是一种心理疾病。随后医生又宽慰她学会释放情绪，而不是一味忍受。听到这番宽慰之话，一直故作坚强的卡洛琳这才忍不住放声大哭。

中医有"忧伤肺，思伤脾，怒伤肝，悲则气消"的说法，这一看法与现代心理学的观点也十分相近。表面上看，恨不得全世界人都知道自己伤心的悲哭，才是受创至深的证明，但只有当身体因伤心而出现状况时，才能得知究竟是谁更加难以释怀。但无论如何，内心既然难过，就不放劝说自己找个时机偷偷释放、痛快释放，这才是真正有益于自己的做法。

09 无法抉择，只因不敢承担责任

说起处女座的人时，我们经常会提到一个名词——选择困难症。其实除了处女座之外，许多其他星座的人，也一样会对做选择一事感到为难，因此，选择困难症可以说是一种十分常见的情况。

表面上看，选择之所以会令人为难，是因为当今时代的备选项太多，令人目不暇接，但心理学家却认为这其实是一种缺乏自信、逃避责任的心理在作怪。在选择困难症的背后，其实也体现了一个人的畏惧和无能。

康斯坦丝是一位十分活跃的女孩，如果说天下还有什么事情能阻碍她，大概就是选择东西了。平日出门买衣服或是聚餐点菜时，她总是表现得难以抉择，不像其他几位好友那样干脆利落。

由于工作不顺心，康斯坦丝最终从公司离职，并就接下来是继续应聘还是转行重修一事，产生了极大的动摇。对她而言，继续工作就意味着能够得到持续收入，但同样的工作令她感到厌烦了；转行意味着更好的机会，但她却对重修没有任何把握。为此她陷入了深深的苦恼之中，直到很久后，她才最终决定搏一把，但接下来有关重修的具体抉择，又令她陷入了新一轮的选择困境。

患有选择困难症的人不但无法做出决定，甚至还会因此对选择产生恐惧，因此选择困难症又被叫作"选择恐惧症"。之所以出现这种情况，说到底是因为患者具有以下3种心理：第一是不明白自己的真正需求；第二是不愿承担选择可能带来的负面结果和风险；第三是对自己的不满心理的外界投射。

其实，选择本身就伴随着未知，而未知既让人期待，又会让人感到难以把握。当我们单纯地抱着期许心态时，未知总是一片空泛的美好；如果要考虑到现实利益和风险，未知就不免让人战战兢兢了。

看似留有余地的更多选项，反而意味着更多的未知与风险，这自然会让人们更加不知所措。于是，法国哲学家布里丹所提到的、那只因无法抉择干草堆而活活饿死的毛驴，就成为了对现实中人类的最佳写照，如果想要避免陷入这种困境，唯一的做法就是果断。

在管理界有这么一则故事：哈乐德是一家公司的创始人，由于公司的发展效益较好，公司的规模逐渐扩大，内部管理人员也逐渐增多。但这样一来，中层管理之间的分歧也愈发加剧，使得哈乐德本人也不知如何抉择。

在这样的情况下，公司的效益开始下降，哈乐德为此十分苦恼，只得将自己关在办公室里。就在此时，他在报纸上发现了一款名为"决策机"的产品，于是当即偷偷买了一台，放在办公室里。此后每当下属们征求他的决定时，他总是很快就做出批示，令所有人都大呼不解。

直到有一天公司举行庆祝宴会，哈乐德被下属们灌得大醉，这才在无意中说出实情。下属们得知后感到十分好奇，于是决定拆开机器一探其中原理。结果当他们拆开一层层的坚硬钢板，才发现其中仅有一枚硬币，一面写着 yes，一面写着 no。

未知虽然使人忧虑，但对可能存在的风险后果的畏惧，才是造成选择困难的真正原因，但在结果没有出现之前，这样的担心往往只是杞人忧天，并不是什么大不了的事情。

如果说选择越多，恐惧越多，那么克服选择困难的方法，首先就是要尽可能地减少备选项。许多人总是认为选择与自由成正比，但事实上却是选择越多，退路越多，也就更加使人举棋不定。

此外，患有选择困难症的人还要学会承认缺憾。许多人之所以难以做出选择，就是因为他们也带有完美主义倾向，总是想着如何做到尽善尽美，但对完美过于奢求，反而会滋生贪婪心理，使选择的初衷愈发偏离正轨。即便真的想要寻求最佳结果，那么也不妨做出行动，将所有结果的利弊一一厘清，然后进行对比，这样更有助于自己顺利完成选择。

10 装嫩是心理幼稚，还是恋旧

不论是在网上还是现实生活中，我们经常可以看到一些扮可爱的大龄年轻人，俗称"卖萌"。在许多严肃的老一辈人眼中，卖萌装嫩被视为是幼稚、长不大的心理在作怪，但年轻人却不肯承认。

由于时代背景的差异，许多老一辈人即便在年轻时，也表现得十分刻板，对他们来说，循规蹈矩的人生态度才是最好的，但在思想多元化的今天，年轻人们则表现得更加活跃，被视为幼稚、逃避现实的卖萌做法，更多的也只是缅怀童年的恋旧情节罢了。

小叶是一名网络女主播，从她的个人主页来看，她足足拥有300多万粉丝。虽然比起那些最顶层的女主播仍有不小差距，但小叶依旧十分得意。

每天晚饭后，小叶都会精心地为自己化个妆，然后就走向自己的直播室，向早就等候在那里的观众打个招呼，随后开始进行直播。比起许多风格夸张的女主播，小叶的直播内容其实更加简单、清静，无非是向着观众卖萌表演，与他们进行一些正常范围内的交流互动。但就是这种平平淡淡、不带一丝旖旎的直播风格，反而为她赢得了许多粉丝的喜爱。

对于那些粉丝来说，小叶的直播风格也很简明，但她的卖萌表现，却使得他们十分喜欢。在工作了一天后回到家里，打开电脑看到一个像孩子般轻快的笑容，总是能勾起自己对童年时光的缅怀。小叶之所以选择这种清新的直播风格，也正是由于最初时在城市里的艰辛工作，使她对儿时的无忧无虑分外向往，这才选择以卖萌的方式，来感染那些在钢筋混泥土的城市丛林里，为了生活而咬牙拼搏的人。

老一辈人喜欢拿自己当年的艰苦奋斗说事儿，但对于当下在大城市里艰苦拼搏的年轻人来说，他们的压力其实也并不见得就比长辈要小多少。而且如今的年轻一辈，内心更加细腻、情感更加丰富，这就使得他们有了更多的感触，而那些无关痛痒的卖萌模样，也并不是为了逃避现实，只是想要以这种方法来消除压力、缅怀过去，同时也是对自己不要忘记初衷和情怀的一种提醒。

我们不得不承认，在当今社会中，确实也出现了一些卖萌过头的年轻男女，他们的这种做法已经比较严重地影响到了正常的生活工作，这就又不得不提到一个新的概念——彼得潘综合征。

　　彼得潘综合征是一种成年人因不堪生活压力，而对孩子世界产生向往、并沉溺在自己的幻想中的心理疾病，这主要指的是男性。与之相对的则是公主病，是指女性在生活中骄纵依赖、任性无礼的一种表现，但不论是男性还是女性，这种心理状态都是极为糟糕的。

　　克莉斯多是公司的一位新进员工，虽然年轻却有着杰出的设计天赋，因此在工作中表现很好。由于出身富裕，自小受到父母溺爱，克莉斯多一直都十分骄纵，并把这一作风带到了公司里。

　　由于工作能力受到同事认可，克莉斯多逐渐把自己视为了公司的公主，每当同事向她请教时，她都表现得十分倨傲，即便是与自己相关的事情，也一再拖沓延迟。一旦和同事产生些许摩擦，她就不管不顾地扔下工作玩"消失"，使得其他同事十分无奈。渐渐地，公司的所有同事都认清了她的臭脾气，遇到事情也不再主动找她。失去了众星捧月的对待后，克莉斯多这才感到十分失落，但她仍认为这是公司同事们故意刁难自己，于是愤而辞职。在接下来的几次工作中，她的经历仍然没有太大不同。

　　由于穷养儿、富养女的观念和独生子女受到宠溺之故，不管是在国外还是国内，许多年轻男女都缺乏面对生活压力的勇气，也不知道如何处理与他人的感情。更有一些人即使是有了伴侣后，仍然无法承担起自己的那份责任，也就是人们常说的"妈宝男""妈宝女"。这一类人说到底是缺乏独立人格，习惯性地依赖于他人。在生活中抱持着这样的心态，终究无法彻底融入社会，更容易遇到挫折并导致自己精神崩溃，因此，学会成长、摆脱逃避才是我们每个人最积极的心态。

11 喜欢劝酒：醉不醉无所谓，服不服才重要

每逢年关，家族全体成员共聚一堂，称得上是温情暖暖，但等真的坐到饭桌上时，长辈们的频频劝酒，又总是使得年轻人十分无奈。许多人更直斥劝酒文化是一种陋习，并引来无数认同，可见当今社会对于这一习俗的争议之大。

许多人不知道的是，劝酒文化其实并非是中国独有，而是一种在全球范围内，都十分流行的酒桌惯例。对于喜欢劝酒的人来说，劝酒不仅仅是展现自己热情的方式，对方是否喝醉也并无关系。唯一关键的是，对方如果接下酒杯，就意味着服从于自己的意见，这才是真正使他们满意的。

杜克在一家公司担任项目主管，法兰克与马歇尔则是他的两名下属，法兰克、马歇尔二人的工作能力都十分突出，因此杜克对他们两人十分看重。

有一次，公司完成了一项重大项目，事后举行庆功宴会，杜克喝得一时兴起，便开始向两位下属劝酒。尽管平时对酒精过敏，马歇尔还是硬着头皮连饮几杯，而同样不喜欢饮酒的法兰克则干脆没有举杯。

就是这样一个微小的插曲，却使得法兰克与马歇尔在杜克心中，留下了截然相反的印象。比起"桀骜不驯"的法兰克，杜克在工作中开始愈发重视马歇尔。最终马歇尔凭借着杜克的举荐，在公司另一部门担任了要职，而法兰克却迟迟没有得到晋升。

在被人劝酒时，许多人都会搬出各自理由，如"我今天不舒服""酒精过敏""待会儿还要开车"等，但却往往无济于事，因为他们并没有真正明了劝酒者的心理。作为一个理性人，劝酒一方只要没有喝醉，就完全

能够明了对方的苦衷，只是他们对此并不在意。对他们来说，明知自己不能喝酒却还是接过杯子的人，才是真正的尊重自己、服从自己，才是把自身当作"自家人"。

令人啼笑皆非的是，在那些喜欢劝酒的人看来，这种对劝酒的批判却是一种天大的冤屈。他们表示，自己之所以进行劝酒，并非是贬低他人、漠视他人，反而恰恰是想表明自己对对方的诚意和重视。

饮酒至酣畅时，人们自然会卸下心防，彼此交流也就更加真诚。假如这个时候却有人想要保持完全的理智，就难免会显得与众人不合拍，也会令其他人生出提防之心。在这个时候主动劝酒，一方面是表明自己没有防备之心，另一方面也是暗示对方有所表示，以便尽快融入这个圈子。这种情况下，劝酒者其实并不会太在意对方喝下多少，只是觉得自己如果没把对方灌醉，就说明自己不够热情。有了这种逻辑思维后，劝酒也就会变得一发不可收拾了。只不过对于他们的这种逻辑，被劝酒的一方显然无法接受，一些人可能还会因此愤然反击。

2015 年，南方网报道了这样一则消息：几名本国青年在街上吃饭时，遇到了几位老外。由于这是头一次见到外国人，他们便接连跑过去向对方敬酒，并打算趁机请求合影。

当他们第二次敬酒时，意外的情况却发生了。坐在邻桌的几名国际友人，显然对被迫饮酒十分恼怒，于是当场拍案而起，引起了一场纠纷。好在与老外同桌的本国人会说外语，这才阻止了双方的进一步冲突。

尽管劝酒文化在全世界范围内都很流行，但随着社会文明的不断进步，这一习俗也愈发受到人们抵制，尤其是在有文化背景差异的前提下，劝酒更是一种冒失无礼的举动。

迫于面子，许多人不得不接过劝酒者手中的酒杯，如果有了这一杯作为开头，接下来的几杯也就更难拒绝了。因此如果想要滴酒不沾，最好在一开始就牢牢守住自己的"底线",不给对方丝毫可乘之机。这样经过几次之后,对方也就会识趣了。

12 伤心时的大笑是无所谓,还是想要保护自己

开心大笑、伤心流泪,都是人内心情感的自然流露,有时候也会有人表现得截然相反。至少在自己伤心的时候,许多人的脸上却会露出笑容,哪怕眼角的泪水流得止都止不住,这样的表现,反而使他们看起来更显悲怆、凄凉。

如果连眼泪都没有,这些人就更会被视为没心没肺,对一切都无所谓,但事实上他们却可能是最悲伤的那个。都说哀莫大于心死,也只有心死之人才不会号啕大哭,脸上才会出现更显反常的笑容。在心理学家看来,这种笑容是人在不得不接受现实后,无能为力的情感流露,更是心理自我保护机制在起作用。

在交往 4 年之后,可妮莉娅向菲利普主动提出了分手。当他赶到她身边,打算向她求婚的菲利普得知这一消息后,当场就愣住了。没有意想中的挽留,也没有意想中的痛哭流涕,菲利普静静地站在那里许久,最后竟然扯了扯嘴角,带着令人捉摸不透的微笑转身离去。

得知这一消息之后,菲利普的几位好友都唏嘘不已,因为他们深知菲利普是如何热烈地爱着可妮莉娅。与此同时,他们也十分担心菲利普会因伤心而一蹶不振。但令他们意外的是,原本看似温柔的菲利普非但没有丝毫波澜,脸上还多了一丝说不清道不明的笑意。即便是他主动提起之前恋爱的点点滴滴时,也总是边笑边说。看到他这个样子,好几位朋友都放下心来,只有一位"过来人"摇了摇头,长叹了一口气。因为他知道,菲利

普短期内只怕是走不出这段阴影了。

著名的心理学家弗洛伊德指出，当人的内心被某种剧烈的感觉填充时，为了保证自己的情绪不至于失控，能够继续保持稳定，就会开启一种自我防御机制，来平衡自己的感受。这一说法看起来有些难以理解，但如果用另外一个词举例就可以更好地说明——喜极而泣。许多人在内心激动之时，也会反常地流出泪水，这也是心理保护机制被触发的体现。

人类的大脑其实远比我们所想的聪明，因此当人们因遭逢突发事件而情绪波动、无法自持时，大脑却在私底下悄悄地运作，极力谋求心态平衡。即便开心时就该大笑、悲痛时就该大哭，大脑一旦觉得这种反应会对健康造成损害，就会自动选择那个看似不合情理，但却对自身危害更小的情绪。

由于这种选择是在潜意识的评估之后完成，因此偶尔也会显得并不准确，但无论如何它至少能够帮助我们平衡心态，使我们不至于因此陷入崩溃。《儒林外史》中的范进因终于中举而精神疯癫，老丈人胡屠户用扇巴掌的方式来将其吓醒，也是基于同样的道理，只不过这已经是在情绪崩溃之后的挽救举动了。

也就是说，人的情绪和动作反应之间，往往并没有直接的因果联系，任何行动的出现，都是以调节心理为首要出发点，或者说是协调内部环境与外部环境。这就是为什么越是强烈的负面情绪，就越容易引发积极表现的缘故。

与女朋友达莲娜分手之后，维托几乎是一路笑着回到了宿舍，为此，他没少被达莲娜的闺蜜骂成"渣男"。在接下来的几天里，他仿佛跟一个没事人似的，甚至还主动表示自己终于可以和校园里的美女们搭讪了，令舍友十分愕然。

从后来的表现来看，维托显然并没有对往事释怀。一周之后，他的舍友们有些忍不住，于是好奇地询问他是否真的不难受。维托在听到这些话之后，这才突然忍不住泪流满面，继而号啕痛哭，为此，他的舍友们又只好拉着他狠狠地灌了一顿酒，直到大半夜时才将他背回。

有个词叫作"大悲无泪"，看似放肆的大笑，其实，往往也是绝望之下仅剩的凄惶而已。尤其是那些太过创伤的回忆，往往会给人以命运荒诞的感觉，因此这个时候的笑，也可视为对自身境况的麻木自嘲了。

13 交谈时鼻子变化，是言不由衷的证明

读过童话故事《木偶奇遇记》的人，一定都记得这样一个有趣的场景：每当说了谎话时，匹诺曹的鼻子都会自动变得很长。心理学家经过研究却发现，这种人物设定并非作者一时脑洞大开，而是有着科学的依据。

为了研究人们说谎时的面部变化，西班牙一所大学的心理学家，别出心裁地想到了用温度记录的新方法进行研究。最后他们发现，人们在撒谎时，鼻子周围的温度会有明显的升高。

根据报道，这项研究还是历史上首次将温度记录法运用在心理学方面，而研究的成果也称得上是具有创造性和趣味性。心理学家们指出，当人们对自己的感觉撒谎时，鼻子周围的温度会上升，并且还会激活大脑中一种名叫"岛叶"的物质。

岛叶其实是大脑的奖赏系统，并且只有当人经历真正的感知时才会被激活。岛叶与探索和控制身体温度息息相关。因此，岛叶的活力和温度的上升呈明显的负相关，也就是说，岛叶越活跃，人体的温度变化越小，反之则亦然。

说假话的时候，人们或多或少都会感到心虚，一旦心虚，鼻子就会发热，甚至还会突然胀大。这也是"说话时摸鼻子表明是在撒谎"这一说法的由来，只不过，摸鼻子这种动作有着很大的随意性，很有可能说话之人只是单纯地觉得鼻子发痒。因此，在判断一个人是否说谎的时候，绝不能仅仅以一个微小的动作就轻易下结论，而应该从更多的细微变化处下手。

当人内心处于焦虑之时，鼻子不仅会变大，有时还会突然冒出一层细汗，与此同时，他们的脸上可能也会出现发红、发热的情况。不仅如此，人在说假话时，声音、语调往往也会和平日说话有所差异，其中一个典型的情况，就是偏向于用鼻子发音。

在美国的一座小镇上，突然发生了一起凶杀案，事后，亚莫斯警官遵循上级指示，开始调查这起案件。经过一番探察，证据都指向小镇上一位突然失踪的单身木匠，亚莫斯警官于是决定去询问这位木匠的兄长波文。

当亚莫斯上门之后，波文表现得十分热情，然而亚莫斯却敏锐地注意到，对方的神情有几分不自然。在提到波文的弟弟时，波文尽管很平静地叙述着关于弟弟平日的事情，但他的鼻子却显得有些胀大，而且冒出了一层密密的汗水。

看到波文的这副模样，亚莫斯基本已经断定他在说谎，于是趁着对方停下来时立即问道："你的弟弟最近这几天有没有来看过你？""你觉得他是否会在你不注意时偷偷进入你的屋子？""你觉得他是否可能会犯下一些罪行？""他现在是否就在你家里住着？"这一连串的问题令波文顿时有些慌乱。尽管他对此一一予以否认，但每次回答"没有"或"不可能"时，他都会不由自主地压低声音，加重鼻音来进行回答。

胸有成竹的亚莫斯当即告辞离去，回到警局后立马申请了搜捕令。果然，还没等波文从密室里将其弟弟转移，一群警察就从天而降，成功将两人一起抓获。

根据研究表明，人的鼻子周围，分布着极其敏感的神经组织，因此，一旦遇到突发情况，鼻子就会自然而然做出某些反应。比如当人们想要有所隐瞒之时，就会像案例中那样，通过鼻孔发音来说话。还有一些时候，人们说着说着会突然鼻子发白，这种情况则是因为受到了挫折，自尊心感到受了挫败和屈辱。

由于鼻子的变化太过细微，人们在进行交流的时候，不仔细观察往往根本无法发现，但对于观察敏锐、经验老到的人来说，这却是看穿一切真相的钥匙。当然，单纯地以鼻子变化作为判断依据，仍然会显得有些过于草率，因此我们应该结合实际情况，综合进行分析判断。

14 谈话时歪着头，是迎合也是顺从

在面对面的交流当中，男男女女都会表现出各种各样的姿态，有的人说着说着，就会突然把头歪向一边，抑或突然挺得笔直。在心理学家看来，如果一个人在说话时突然歪头，就表示他们对对方的话题突然产生了兴趣，或者已经在心理上屈服、顺从了对方。

有一次，班尼迪克带着厚厚一摞资料，去拜访另一家大公司的老板唐纳德，打算向他介绍一下公司的新产品。首先，他介绍了产品的特点、优势，但唐纳德却始终只是频频点头。班尼迪克看出了他的心不在焉，于是转而介绍这一产品上市后的预期利润以及对唐纳德所在公司的好处。

当他说到这些内容时，唐纳德仍是一脸淡漠，但同时他又突然把头歪向了一边。不久之后，唐纳德突然打断了班尼迪克，表示："并不是很感兴趣，仍需要仔细考虑。"但班尼迪克却从他的歪头举动中，一举断定唐

纳德其实十分动心，只是想要用言辞来争取价格优势。于是他绝口不提降价一事，只是更加周全地介绍了该产品的利润优势，最终，唐纳德果然还是以原价签订了合同。

如果一个人在交谈时表现得一本正经，那么，就算看起来十分有礼，也只是把礼仪停留在表面上，并非是真心实意地对谈话表示认真；反倒是歪着头的动作虽然看似不怎么规矩，却意味着当事人已经敞开了心扉，是以感兴趣的态度在进行交流的。

不仅如此，歪着头也是一种顺从的表现，这一点在其他动物身上，也会有所体现。家中养的宠物狗闯下大祸、被主人训斥时，偶尔也会歪着头"卖萌"，这一举动往往会使得主人心中怨气顿消。在一些特定的谈话场景中，如果某一方表现出这样的姿态，无论他外表看起来多么镇定，其实内心也早已经选择了屈服。

休伯特因涉嫌参与银行抢劫案而被捕入狱，但入狱后他却对这一控诉矢口否认。负责面对面审讯他的警官科尔花了好久的时间，还是没能撬开他的嘴，为此，科尔十分苦恼。

经过对证据进行对比分析，科尔最终还是认定休伯特犯罪属实，只是对方的嘴硬程度，远远超出了他的想象，简直都快比得上一些受过专业训练的特工了。为此，科尔灵机一动，决定从心理层面作为突破口。

在接下来几次审讯当中，科尔有意无意地透露出诸如"现场发现了犯罪分子的指纹""其余犯罪人员接连落网""有人已经开始向警局自首坦诚"等信息，休伯特听到这些之后，心中逐渐开始有些慌乱。当科尔突然一脸严肃地问他是否真的从未与犯罪分子有过接触时，休伯特当即予以否认，但他的头却同时歪向了一边。看到他的这副姿态，科尔当即知道他的心理防线已经逐渐被攻破。随后，科尔又进行了一系列刁钻的提问，最终休伯特选择俯首认罪。

在谈话中，有人总是把头挺得笔直，其实这种情况说明他并没有被对方的言辞打动，内心还在进行审视和思考；如果他们把头歪向一边，就表明他们内心其实已经被对方打动，只要我们保持耐心继续进行对谈，很容易就能使他们敞开心扉。

除了歪头之外，一些人在谈话中，可能还会做出伸头、低头、仰头等种种不同动作，从这些动作中我们也可以看出他们的真实心理。当人突然向前伸头时，表明他带有一定的攻击心理，或是打算下达命令和指示；如果是低下头来不与人对视，就说明他们对话题其实毫无兴趣，或者是不想被对方看穿自己的内心活动；如果在说话时突然脖子向后仰，则表示他们对对方的言辞有所犹疑，或者是在完成某些会谈后，用这种方式来发泄自己内心的压力。通过这些不同的举动，我们就可以判断自己应该如何把握话题，争取吸引对方，或是折服对方。

第七章

听懂"话外音"，方知"话中意"

在人的所有行为中，一个人的"话语"最能流露出其内心的真实想法。一个沟通高手最懂得从一个人的话语中去推测其内心的想法，同时，他们也是一个倾听高手，能从其话中听到诸多的"弦外之音"，进而准确、完整地领会对方的讲话意思或意图，从而做出正确的行为举动，使交流或沟通更为畅快。

01 "随便"两字看似尊重，其实却是一种漠视

　　和朋友兴致勃勃地商议去哪玩，对方却只回答两个字"随便"；聚餐时间对方想要吃什么，对方也只回答一句"随便"。遇到这种情况时，提问者总是更加难以选择，甚至也会感到不快。

　　在传统的教育文化背景下，我们总是被要求束缚个性，不给人添麻烦，因此"随便"也就成为了最不打搅旁人、最显诚意和尊重的话语，但事实上，这一句话也会使人们觉得自己受到轻视。根据调查显示，当今社会有近五成的人对"随便"二字十分反感，因为这句话往往给自己一种被漠视的感觉。

　　马卡斯是父母眼中不折不扣的好孩子，因为在日常生活中，他总是力求不给人添麻烦。在家里吃饭穿衣，他从来不挑别，在与朋友相处时也一贯如此。每次讨论去哪玩或是吃什么，马卡斯总是以"随便"作为回复，久而久之，朋友们都会自行决定，不再过问他的建议了。

　　但这样的"豁达"态度，却使得他在工作之后受到了很大的误会。有一次，他的上级带领着一些新人出去聚餐，期间还特意问到他的喜好。不出意料地，马卡斯依旧是以"随便"二字回应。一开始，上司只以为是他比较害羞，但在接下来几次征求意见时，马卡斯却始终没有别的话。上司因此认为马卡斯对整个团队并不上心，不由得有几分不快。

　　在接下来的日子里，上司经常把团队里的一些琐碎事务交给他处理，反正马卡斯一向"随便"嘛！至于马卡斯本人当然是有些委屈，但他怎么也想不出自己有什么冒犯了上司的地方。

　　根据心理学家的总结发现，当人们以"随便"作为回应时，其实，会

218

表达出完全不同的 4 种含义，出于尊重的谦逊只是其中之一。除此之外，"随便"还分别意味着对谈话感到厌烦、心中不满但懒得计较、不想承担具体责任这三种含义。这就使得人们在听到这样的回复后，会更多地感觉自己受到轻视、漠视，而非被尊重的荣誉。

虽然在传统的语境中，直接抒发感情、表达诉求会被认为是缺乏教养，但在这个注重交流、强调协作的时代，坦诚表达却显得越来越重要。如果不知时代变化，只是一味地选择矜持，即便自己真的是出于一片善心，也很难真正做好一些事情。

威利与艾薇拉的第一次约会，是在一家规模不大但富有格调的咖啡厅里，威利对此自认为十分合适。在约会的过程中，艾薇拉却始终没有主动倾吐的意愿，这使得威利感到十分懊丧。

在"女士优先"这一绅士风度的指引下，威利一开始就细心地询问艾薇拉想要点什么咖啡，或是气泡饮料，然而艾薇拉却始终低着头表示"随便"。这样一来，一向善于体贴他人的威利反而不知如何是好，只得硬着头皮点了一杯大部分人都不会反感的咖啡。

为了缓和气氛，威利又主动询问艾薇拉是否需要点一些别的东西，但艾薇拉仍旧是那句不咸不淡的"随便"。这使得原本对艾薇拉颇有好感的威利，觉得自己不被对方喜欢。其实，艾薇拉对这位帅气温柔的男子也十分动心，只是一想到要主动开口多说什么，她就觉得难以启齿，只好以"随便"来勉强应付了。

约会结束后，威利觉得已经没戏了，于是在主动送对方回家的途中，也选择了保持沉默。就这样，一句看似无心的"随便"，却使得两人的第一次约会闹了个大误会，直到后来两人在一起，这件事仍然是威利调侃艾薇拉时，总会提及的一件事情。

"随便"虽然只是简单的两个字，却会给人留下没有主见、自动放弃的妥协软弱印象，这显然不是什么受人欢迎的姿态。越是习惯于"随便"，别人就越是会以"随便"的态度来对待自己，最终失去的仍是自己的尊严。

02 说"绝对"是心里有数，还是根本没谱

在谈论一些话题时，有一些人总喜欢使用一些带有绝对性的词汇，比如"绝对""百分百""我敢肯定"，等等。看起来，他们对自己说的话是否正确，有着充分的把握，但结果可能恰好相反。

很多时候，我们都误以为这类人心中有数、洞悉一切，但真相很有可能是他们根本就心里没谱，只是硬着头皮拍胸脯罢了。尽管会在嘴上急着全盘肯定或否定一些事情，但他们很有可能第二天就做出完全相反的举动，令人大跌眼镜。

莉莉丝在来到公司的第一天起，就吸引了众多男同事的目光，其中自然包括营业部的阿普顿等人。据说许多同事都想要追求这位性格孤傲的冰山美女，有几人甚至在遭到拒绝后，还是不肯死心。

一天下班后，阿普顿等人又说起"冷美人"莉莉丝的事儿，一位至今没有见过莉莉丝本人的同事瓦尔特听到后，当即对这些不自量力的人嗤之以鼻。用他的话说就是："在这个美女如云的时代，哪有什么值得苦苦追求的女子？这样孤傲的女子就算再美，我也绝对不会去追求的。"就在这时，瓦尔特顺着阿普顿的提醒，看到了从办公楼走出来的莉莉丝，他的眼睛顿时就直了。

第二天下班后，营业部的同事就一脸神秘兮兮地告诉阿普顿一个大新闻：瓦尔特竟然去追求莉莉丝了！这一消息令其他几位在场同事也瞠目结舌。更令他们哭笑不得的是，在接下来的日子里，惨遭拒绝的瓦尔特反而

成了最为黯然神伤的那一个,同时,他也成为了同事们的笑柄。

根据调查发现,爱说绝对性词汇的人往往非但对某事缺少把握,甚至还很有可能根本就毫无了解,比如案例中的瓦尔特。他们之所以喜欢用"绝对""肯定"这一类强硬的词汇,恰恰是因为他们缺乏自信,所以才要在语言上进行掩饰。

我们经常会发现一些人在面对重大事情时,喜欢自言自语自我安慰,其中最常听到的就是"放心,肯定没事的""没关系,绝对能成"这一类话。事实上,如果他们真的确定没事,就不用这样惊慌失措了。所谓的"绝对"和"肯定",其实正好折射出他们的不安和毫无把握,所以他们的这些话也并不是说给别人,只是想要为自己打气而已。

经过整整一周的日夜苦熬,维纳尔总算完成了设计方案的重改,但他并没有因此感到高兴。这既是因为他本人的能力实在有限,同时也是因为老板非常挑剔。早在一周前,他就因为同样的事情被狠狠批了一顿,现在想起来他还心有余悸。

敲开老板办公室的大门后,看到老板一脸严肃的表情,维纳尔顿时心里一紧,但他还是硬着头皮,上交了自己重改后的方案。对此老板并没有急着去翻,只是淡淡地问了一句:"这次改好了吗?"听到这句话,维纳尔心里怦怦直跳,但他还是壮着胆子,以不容置喙的口吻回答说:"嗯,这次绝对改好了"。

说完这句话,维纳尔就感到有些心虚,不幸的是这一次他的担心再次成为了事实。仅仅翻了不到一半,老板就从他的设计方案中看到了好几处问题,气得狠狠地将方案摔到了办公桌上。接下来,胡乱吹嘘的维纳尔自然又少不了被一顿痛批,最后,他在同事的同情眼神中再次开始埋头修改。

用绝对肯定语气来回答问题的人,一方面是因为自己毫无底气,想要给自己打气；另一方面他们在潜意识中，也希望对方能够相信自己。因此他们其实也是用这一类词汇来给对方施加心理暗示，让他们能够放下更多的戒心，变相为自己争取优势，但一个聪明人显然并不会因此就彻底相信他们。

在交流的过程中，对方越是拍着胸脯保证没问题，就越是显得太过虚假，难免令人心中存疑，事实也证明他们虽然可能并无恶意，但也确实不值得轻易相信。一件事情成功与否，说到底是取决于能力和态度，而非看似雄壮的豪迈言辞。

03 说话留有余地，是为了避免问责

比起明明没有万全把握，却喜欢拍胸脯说"绝对没问题"的人士，还有一类人则表现得恰恰相反。不论说到任何事情，他们总喜欢留有余地，比如"差不多做好了""目前看来似乎如此""基本上就这样"，等等。

较之看似自信、其实没谱的前者，后者看起来更加稳妥、持重、老实，然而，这些老实人的潜在心理，其实也另有一番考虑。对他们来说，与其寄希望用盲目的自信打动别人，倒不如主动摆出低姿态，一旦事情做得不好，自己也可以避免被问责，有一个台阶可下。

每次度假外出时，班森与黛博拉夫妇俩都各有分工，班森负责拟定出游计划和路线，黛博拉则负责打理行李。每次临出门时，黛博拉总是要多问班森一句"亲爱的，这次你准备周全了吧"，而班森则总是回答"差不多都弄好了，亲爱的"。

然而真的到了出行之后，夫妻俩的旅程却总是会遇到各种不大不小的麻烦。上一次出行时，班森就在规划游玩景点时出了差错，致使夫妻俩不

得不在某家酒店多停留了一天，预定的另一家酒店则按照约定，不予退还之前交纳的定金；这一次，两人又是直到出行后，才发现忘了将一处虽不著名、但意义非凡的景点纳入行程。

对于每次旅程中的不顺，黛博拉并非毫无抱怨，但只要她提起这件事，班森就会顺势接口道："所以我之前说是'差不多弄好了'嘛。"听到丈夫的这一回答，黛博拉只得哑口无言。

心理学上有一个概念，叫作自我防卫机制，这种说话时留有余地的做法，也是这一防卫心理在起作用。生活中，每个人都不希望因自身失误而遭致问责，但仅凭借个人又很难彻底做到十全十美，因此只能退而求其次，以主动坦承不足的退后姿态，来换取被问责时的争取余地。既然有言在先，一般人也就不好意思继续较真，一场雷声很大的批评，也就顺势以雨点小的方式结束了。

还有一些人会因为谦虚而说出同样一类话，比如因表现突出而受到褒奖时，他们可能就会这样说："其实也就那么回事""也还有一些不足""差不多算是吧"……这样的姿态可以给别人留下更加好的印象，同时也避免了因过于出风头，而引起另外一些人的反感，但如果是在严肃的职场当中，这种含混其词的说法却可能适得其反。

邓肯毕业于美国的一所名牌大学，最初进入公司实习时，就受到了老板的充分重视。在一开始的交谈时，老板就特别提到他的学历，以及档案上所记录的在校荣誉，但邓肯的回答却是"基本上也就那么回事"。

听到邓肯这样回答，老板愈发认为他有能力、谦虚，对他的表现也愈发关注。这样一来，他反而失望了。每当邓肯定期向他汇报工作时，总是表现得毫无底气和把握，言辞之间也总是显得很心虚，动辄以"大致完成""基本拿下"一类作为开头，但从他的成果当中，老板也发现了一些问题，并不符合自己的期望，为此他开始有些不满。

223

由于连日以来业绩不好，老板心中有些气恼，当他再次听到邓肯的"谦虚"汇报后，终于狠狠地拍了桌子。办公室外听到老板怒斥声的同事，也都面面相觑、议论纷纷。果然，实习期结束后，邓肯没能继续留在公司，而是被老板辞退了。

对于一些富有经验的管理者来说，有所保留的言辞往往并不意味着谦虚，而是推脱与逃避。在他们眼中，一位真正优秀的工作人员，必然会把手头的任务尽力做好，也不会在汇报成果时，主动给自己留下回旋余地。如果这样做了，只能表示他们心中早就有了逃避追责的念头，甚至是根本没有对工作上心。

留有余地的言辞虽然谦虚，但却在开口之初就输了气势，比起胡乱拍胸脯保证，有时甚至更加不受欢迎。如果不想给人留下消极应付的不良印象，这种说话口吻就应该尽量避免。

04 旁征博引不是知识渊博，而是心虚的体现

交流沟通，最主要的还是为了分享信息，因此说话自然是越简明扼要、越通俗易懂比较好。有一些人在生活和工作中，却总是喜欢旁征博引，要么就是故意夹杂一些令人陌生的专业词汇。表面上看，这是一种知识渊博的体现，但真相却并非如此。

如果是真正学识丰富、谦逊低调的人，往往不会刻意使用什么晦涩词汇，而是力求用最通俗的语言，把一件事情说得清楚明白；反而是那些一桶水不满半桶水晃悠的人，才常常会在嘴里念叨着"茴字有几种写法"。因此他们的引经据典，其实并不是真的渊博，只是想要先声夺人的心虚罢了。

纽曼是一名刚刚毕业的研究生,因为学历高而且是新人之故,公司里的同事们都对他十分照顾。久而久之,他们在私下谈论纽曼时,却都认为他是一个"难以沟通的家伙",并逐渐减少了和他的交流。

作为受过高等院校教育的优秀学子,纽曼为人心肠并不坏,在与同事相处时,也表现得比较热情,但在和同事交流时,他总喜欢"掉书袋",说一大堆云里雾里的话,要么就是在谈话时夹杂一些专业词汇。由于工作需要,同事们勉强能够懂得这些词汇或典故,但对于他这种故意显摆式的说话方式,却总是感到有些不耐。时间一久,同事们为了节约时间完成工作,都有意地避开了与纽曼的交流,这使得纽曼十分失落。

从心理的角度来看,人们越是对自己的真实水平缺乏自信,越是想要展示自己的强大能力,就越是会在交流时卖弄学识、故作高深。这样做与其说是展露了自己的才干,倒不如说是暴露了自己的肤浅,只能令人耻笑而已。

在一些优质图书或精彩演讲中,作者或演讲者也会试着去使用一些典故或专业术语,但他们的引用却是建立在本就理解透彻、结合实际的前提下,因此读者或听众才会感到十分流畅,并无任何不妥。那些在言谈中僵硬地夹杂典故、术语,却又不懂得衔接与展开论述的人,就无异于纸上谈兵、按图索骥。许多人在初入职场,或是进入某个新圈子的时候,都喜欢故作这样的姿态,以此来博取众人眼球,掩盖自身的心虚,这样,反而正说明了自己的自卑,并且这种做法最终也只能是适得其反。

比起在公司里最少也干了3年的同事,奥斯本只是一个刚刚进入公司的新人,而且他还是花费了大力气转行,才好不容易进入现在的公司。为此,他总觉得在同事面前抬不起头来,但又一点儿也不希望自己在工作和交流中输了面子。

由于能力比较薄弱,奥斯本在和同事谈话时,总是对自己当下的工作任务避而不讲，只是大谈特谈一些与行业相关的概念，比如"设计理念""销售心理""互联网思维"，等等，偶尔提及具体的工作任务，他也总是要说一大堆的专业术语，听得同事一愣一愣的。

一周之后，老板主动要求奥斯本去汇报工作，奥斯本颇有些慌张。但为了不输阵，他又在报告时夹杂了许多眼花缭乱的概念，想要以此让老板认可自己。不料他刚讲了 3 个概念，老板轻轻地点了点头，用三言两语就指出其中的关键，并示意他继续说下去。奥斯本做梦也没想到已经 50 出头的老板，竟然对这些新兴的概念了解若此，顿时就嗫嚅着不知如何是好了。他的这一表现令老板大皱眉头，面试时所展现的良好形象，也在这一瞬间破灭了。

除了运用专业术语之外，一些人还会经常引用一些行业内名人的话来为自己"正名"，这种做法一样是没有底气、缺乏主见的表现，而且更会使上级感到不悦。想要展现自己的优秀，终究是要通过能力来说明一切；说得再多，也无法打动那些真正富有学识的人，反而会显得自己愈发滑稽可笑。

05 说"我没事"的人，心里可能事儿更多

有些人在遇到挫折、受到安慰的时候，总是会在嘴上说着"我真的没事"，摆出一脸淡然的表情；在朋友们半信半疑地转身离去后，却会突然捂着嘴大哭。通常这种情况尤其容易出现在女孩子身上。

有句话说，"女人的话是要反着听的"，经常被她们挂在嘴上的"我没事，真的没事"，显然也属于此列。女生在遇到事情后越是这样说，就越表示她们心中有事儿，越是需要身边有一个人安慰自己。

周五下班后，贾艾斯特意约新近认识的女朋友丽蓓卡一起看电影，还特意去她的公司外等她。然而，丽蓓卡刚从办公楼出来时，却表现得一脸黯然，贾艾斯当即关心地询问她遇到了什么麻烦。

听到贾艾斯关切的询问，丽蓓卡顿时有些小委屈，但她很快就恢复了平静，只是淡然地回答"没什么"。对于丽蓓卡的这一回答，贾艾斯半信半疑，但看着丽蓓卡掩饰得很好的神色，他也并没有过多去想。

接下来贾艾斯便带着丽蓓卡，去事先约好的一家餐厅吃饭，然后又打算一起去看一部最新上映的电影。然而，在整个过程中，丽蓓卡却明显心不在焉，虽然故作喜悦，双眼却一点光彩也没有，对此，贾艾斯对此却毫无察觉。事后，丽蓓卡整整一周都没有搭理贾艾斯，他的朋友们知道后也都纷纷调侃他不懂女人的心思。

心理学上有一个概念，叫作心理低潮期，指的是人周期性的状态不佳，心情低落，生理和心理都处于调整的状态。比起男生，偏向于感性的女孩子更容易出现低潮期，情绪也更加反复、波动。出于矜持或是生闷气的心理，她们总会在别人询问时，下意识地回答说"没事"，但"没事"的背后其实是"我有事儿""我需要安慰"的意思。如果真的顺着字面意思，疏忽了对她们应有的安慰，男生就等着承受某些"灾难性"的后果吧。

女孩的安全感本来就比男生低，而且她们也更加在乎自己的颜面。想要一个人设身处地、发自内心地体会另一个人的伤心、理解自己的痛苦，是一件近乎不可能的事情，如果把委屈说出口却得不到应有的安慰，女性就会更加失落。两者相害取其轻，女孩子们有时也会因此而选择闭口不谈，在听到这番话后，如果继续诚心地表示关怀，她们或许就会信任你并向你倾吐了。

若说谁是公司里最帅的男人，古斯塔夫显然比号称"美男子"的杰佛里略逊一筹，事实上，古斯塔夫却是最受公司女性欢迎的男性。不论是一起工作还是外出，公司里的女同事总是更乐意于和古斯塔夫搭档，他的几位同事则对此歆羡不已。

真要论工作能力，古斯塔夫也并不见得比别人突出，但他的温柔性格和善解人意，却是整个公司里无人可比的。由于人多嘴杂，公司的女同事们私下总有一些闹情绪的时候，而古斯塔夫则总能在第一时间发现并予以安慰。有些时候，一些女同事嘴里说着自己没事，但古斯塔夫也会停下手头的事儿，陪着她们说说心里话，这样一来，她们也就会敞开心扉，并且总能在古斯塔夫的安慰下，很快就心平气和了。

当女性说出"我没事"、"我没生气"这一类话时，不论她们是否真的心如止水，作为男性都应该有更高的"眼力"。越是这种时候，聪明的男性就越是要给予她们温情与关怀，哪怕是无言的静静陪伴，也比沉浸在一个人的世界里独自快乐要好许多。

06 否定是因为怀疑，还是想彰显自我

当一个人表达自己的看法时，不论观点正确与否，总归还是希望能够说个尽兴，但有的人偏偏不愿成人之美。在一些人说得兴起时，经常会有人突然插话，以"可照我看来""不过这样会不会""但是还有一个问题"一类作为转折，否定对方的话，令说话者十分不快。

爱以这种方式讲话的人，看起来是想得最多、考虑最周全的一类人，但事实上真是如此吗？从心理学的角度来看，这种否定讲话的表现，其实并不只是怀疑对方是否正确，也是一种注重自我、彰显自我的心理在作怪。

　　每次杰勒米和朋友们在一起时，大家总不免要讨论接下来去哪儿、做什么的问题，但这一讨论往往并不顺利。说到原因，自然是因为杰勒米的"啰唆"。

　　有一次，有人提议大伙一起去学溜冰，几位朋友都十分雀跃。然而还没等这位朋友说完，杰勒米就打断了他的话，认为这样做太不安全，一旦摔倒可能会导致身体受伤。被他这么一说，几位朋友都感到十分晦气，于是又有人提议一起去酒吧里坐坐。这一富有格调的提议，可以说是赢得了大多数人的赞同，然而杰勒米又中途插话，表示"可我觉得那里太过嘈杂"。接下来，又有人先后提议了去图书馆、爬山、游泳等各种意见，但每次都无一例外的被杰勒米的"但是"给打断，最终，大家讨论了整整3个小时，这才勉强达成了共识。

　　如果是一个初次见面的陌生人这样说话，我们很难不怀疑她们是为人强硬、故意刁难，但在现实生活当中，这些喜欢否定别人的朋友，往往却并不是什么性格强势之人。这些看起来友善温和的人，为什么要这样说呢？

　　心理学家认为，喜欢打断别人、否定别人意见的人，无论性格是刚是柔，他们都属于自我中心主义一类。尽管他们态度友善，但在潜意识中，他们仍然不肯轻易地接受别人的意见，仍然会对别人保持一些微小距离。打断别人的做法，也表明了他们内心具有一定的攻击心理，并非表面上看起来那么好说话。有些时候，他们也会故意用这样的口吻说话，以便将别人的目光，从说话者身上吸引到自己身上，这是一种"喧宾夺主"的人际交往手段。

　　但是，这些以自我为中心的人，同时又带有优柔寡断的心理，这也是他们往往不会明确提出自己观点、只是揪住别人的不足，对此展开质疑的原因。甚至有的时候，他们其实根本就没有自己的观点，只是"为了反对而反对"。

在公司许多同事眼中，马丁并不是一个态度恶劣的人，但他却又是一个"难以满足的家伙"。所谓的"难以满足"，也并非是说他太过贪婪，而是指他常常使人觉得麻烦。

在结束了一天的疲惫工作后，公司的同事们经常会举行一些小小的聚餐，以此来交流工作中的趣事。但是只要有马丁在场，原本是为了排解工作郁闷才举行的活动，就会使人愈发郁闷。每当同事们讨论是去喝酒，还是唱歌、西餐快餐时，马丁总是时不时地打断别人，令人十分扫兴。与此同时，他又从不表露自己的看法，这使得许多人心里暗自不爽。

一天下班后，同事们按照惯例准备放松，但马丁却没能等到"表现"的机会。原来，同事们早就背着他私下决定了去哪儿。当后知后觉的马丁又要表示担忧时，一位同事当即反问："那你觉得我们去哪儿好?"被这么一问，马丁顿时哑口无言，只得默认了大家的决定。事实上，他这次玩得也十分尽兴。

类似马丁这样的朋友，一般并不会刻意刁难人;如果要耐心地倾听他们的所谓担忧和个人意见，只怕什么事情都要被错过。指望优柔寡断的他们领导大家做出选择，其实是不现实的。因此，最好的做法就是直接做出决定，不要太在意他们的杞人忧天。如果他们实在不肯罢休，就直接问他们有何建议，这样更能节省时间。

07 悲观的言辞下，藏有不甘的心

任何一个团队当中的成员，都有着各自不同的禀性，有人强势就有人顺从，有人积极就有人消极。在一些重大讨论当中，每当有人兴致勃勃地提出建议、展望未来，总会有个别持悲观论调的人会站出来，瞬间浇灭所有人的热情。这种人或许并不令人讨厌，但也一定会让人特别无语。

从心理层面进行分析，这一类人首先都是不折不扣的悲观主义者，也是对未来最没有信心的人。比起喜欢憧憬美好未来、进行积极规划的人，他们更倾向于反其道而行，在一开始就考虑最坏的结局。事实上，他们其实也想要表达自己的看法，想要赢得众人关注，内心在悲观消沉之余，也有着许多的不甘。只是更多时候，他们的恐惧仍然占据了上风，因此才会表现出保守的姿态，这也是一种心理上的防卫本能。

依照公司的指示，汤尼所在的团队花了整整1个月的时间，终于完成了一份方案设计。当他们最后停下手的时候，大部分人都松了一口气，只有汤尼看起来还是一脸担忧。

为了给团队所有人打气，领头的负责人在最后上交方案之前，决定再次召开会议，但他没有想到的是，这次的会议却没能起到预期的效果，反而让许多人都蒙上了一层阴影。之所以会这样，自然是因为汤尼的"晦气话"。

在会议期间，领头人自然先是对所有人的努力付出表示了感谢，随后又对这份方案的许多精彩之处表示了认可，认为这次一定能顺利完成任务。其余团队成员也都十分开心。然而就在此时，汤尼却拉着脸表示这次的项目事关重大，不能盲目乐观，甚至还表示自己并不太看好。这番话一出，所有人都变了脸色，就连领头人也十分尴尬。最终，会议不欢而散。

有句话叫作"凡事预则立，不预则废"，在成功之前考虑失败，也并不失为一种周全考虑，但与那些积极谋求成功的人不同，言辞悲观的人在一开始时，就不会对成功抱有太多希望，一旦考虑到可能的失败之后，更会彻底把自己的思想，禁锢在对失败的担忧中。之所以会把对未来的悲观看法说出来，也是因为害怕担心成真后自己无法承受，所以提前给自己和其他人一个提醒，留下心理缓冲余地而已。

与此同时，这些人心中又极度不甘、极度渴望成功，这两种截然相反的心理交织在一起，也会导致他们无所适从，以悲观的言辞来进行表达，但在说这些话的时候，他们的潜台词其实是希望别人能够认同自己、鼓励自己，和他们一起进步，这在心理学上也叫作自我重要感。

一旦陷入消极思维的旋涡，人就会愈发悲观、失望，从语言到行为都会表现出堕落的趋势，但这种走向并非无可逆转。只要能在生活中给予他们信任和鼓励，满足他们的自我重要感，就能使他们重新振作，绽放出生命的奇迹。

08 越是闲时说忙，越是心中恐慌

即便是相同的岗位、相同的工作，不同的人也会表现出不同的做事风格。有一类人在工作中，最喜欢把"忙"字挂在嘴边，别人不管叫他做什么，往往都会遭到"无情"拒绝，但是有些时候，他们的工作任务其实很清闲，"忙"只是他们的推托之词而已。

但这些人之所以说自己"忙"，其实也不是因为性格孤僻、为人冷漠，而是他们心中过于焦躁不安，对自己的人生有些恐慌。相比别人，他们既不相信自己的能力，也没有太过明确的人生规划，因此只得表现出"忙"的姿态。就像那句"你之所以矫情，只是因为你不够忙"说的一样，他们其实是想通过忙碌来安慰自己，暗示自己其实也在努力，以此来缓解心理压力。

范伦丁是同事眼里出了名的"大忙人"，尽管他只是公司里的一名普通老员工，工作任务也很轻松。之所以说他是大忙人，说到底还是拜他的那句口头禅所赐。

"对不起我很忙，现在顾不上""可我现在还有许多事要做，能不能改天""抱歉你们先去吧，我还有任务"……每当同事们请求范伦丁帮忙，或是邀请他一同参加聚会时，他总是板着脸这样回答。事实上，当范伦丁说出这些话时，他往往只是在办公室的电脑前，浏览着一些无关紧要的信息，或是刚刚结束了一段工作。只不过看到比自己入职更晚的同事，都已经在事业或家庭方面有了新的发展，他就感到十分焦虑，只有借助"我很忙"这个理由，才能稍微安心一点。

这样一来，同事们也就不怎么乐意找他了，偶然邀请他时，一看到范伦丁一脸为难的表情，他们就会自行接过话头："不过你肯定去不了了。嗯，毕竟你很忙。"面对同事们的调侃，范伦丁只能默不作声。

对于那些有心改变、却又力有未逮的人来说，努力与成功显得是那么遥不可及，唯有当下的忙碌姿态，才能多少减轻他们心中的一些惊慌。与此同时，这样的姿态也可以给不知情的人一种错误暗示，从而展现出自己"精明能干""深受倚重"的形象。只是这种形象终究经不起现实检验。

不仅如此，这种故作高深的自我展示，有时也会起到完全相反的作用。在这个讲究高效率与团队协作的时代，许多任务即使繁重，也可以通过周详的规划和同事的分工来更快完成，年年忙、月月忙、天天忙，并不是大多数人的情况。如果一个人总是要以"忙"来自我标榜，别人就不得不怀疑他们是不是能力低下，且不具备协作精神了。

直到30出头，一直单身的小职工约克才在友人的介绍下，认识了一位名叫艾瑟尔的女子，并开始试着交往。对于看起来老实巴交的约克，艾瑟尔初时很有好感，但随着交往时间一久，她却开始有些不满。

每次艾瑟尔主动提出约会，约克十有八次会以"我很忙"作为借口，平时在出去逛街时，也总是有意无意透露出自己"工作任务很重"的意思。在得知了他不过是普通职工之后，艾瑟尔却对约克的表现有些怀疑，在她看来，作为普通职工却整天忙个不停，要么说明他懒惰而不知计划，要么就是在工作中过于自我不善交际。不论哪一种情况，约克显然并不是什么值得继续交往的男人。不久之后，艾瑟尔主动提出了分手。

在交往中，男性都希望向女性展现出自己最优秀的一面，但"我很忙"显然不在此列。如果一个人拿不出别的优异表现，只能以忙的形象来示人，只怕很难赢得尊重了。

还有一些人在接到异性的邀请后，也会以忙作为借口来推脱，如果次次如此，则意味着邀请的那一方，可以停下主动的表示了。在对对方不感兴趣时，人们才常常用这样的借口来婉拒，也就是所谓的"他没有很忙，只是你不够重要"。

09 道歉并不代表服软，只是不想让人难堪

每当在社交中冒犯了别人，我们最常说的就是"抱歉""对不起"。越是在强调礼仪的文明社会，人们"道歉"的频率也会越高一些。但有的时候，人们却并非因为觉得做错了事、得罪了人才道歉服软，只是想给对方一个台阶下，让对方不要难堪而已。

在这其中，有一句被"滥用"最多的话，就是"对不起"。根据研究表明，现代社会中的女性较之男性，更倾向于在交流时用到这句话。这并不意味着她们承认错误，甚至她们心中可能根本就不觉得自己有什么不对之处。

周末，珍弗尼按照约定，与几位同事一起出去购物，她们首先就去了服装城。当同事弗洛伦丝试穿了一件最新款的连衣裙时，好几位同事都点

头称赞,只有珍弗尼表示反对。

"对不起亲爱的,我必须要说的是,在我看来,这件衣服并不够好。虽然论款式,它确实显得很新潮,但你不觉得你的气质和它并不是很配吗?相比之下,我倒是觉得那件",她随手指了指另外一款,"更像是你能驾驭的衣服"。这番话说出来后,弗洛伦丝顿时有些尴尬。接下来在其他几位同事试衣时,珍弗尼也总是一边说着"对不起",一边对衣服大加点评,看起来丝毫没有因为过于直白而感到抱歉的意思。

显然,案例中的珍弗尼并不是因为觉得自己讲错了话,才用"对不起"作为开头,否则她最初时就不用开口了。只是觉得自己的正确看法可能会给同事造成难堪,她才会以这样的方式表达意见,说到底,她心中是认为自己正确的。

对于新时代女性的这种表达方式,我们也并不能说是"高冷",毕竟她们在表达自己的看法之时,心中也尽可能地考虑到了他人的颜面。除了这种现象以外,还有一种情形也是十分有趣的。

与珍弗尼这样自觉正确的人不同,有些人是的的确确犯了错误,也确确实实在进行道歉,但这时的他们仍然不能说是悔悟,他们的真实心理依然是不想过于难堪,只不过这次是转向了自己。

罗德尼在公司里勤勤恳恳干了10年,在同事眼中算得上老实巴交,但对于老板尼克来说,他却是一个十足的"老油条"。

从刚进入公司、对一切都懵懵懂懂的时候起,罗德尼就在工作中先后犯下一些失误,只不过每次犯错之后,他都会在挨上司批评之前赶紧道歉,有时甚至上司还没开口,他就主动一个劲儿地说"对不起"。这样一来,原本心情不佳的上司反而有些不知如何开口,只得以"稍微提醒你几句"结束问责。

但在道歉之后,罗德尼并没有积极地去弥补错误,在往后的工作中,他仍然会不时地犯下一些过错。时间一久，上司们也都看清了罗德尼的表现，为此才会称他为"老油条"。

像罗德尼这样的做法，在心理学上又有一个称呼，叫作应付行为。它所指的就是人在犯错之后，并不会反思如何纠正，反而会在第一时间想着如何摆脱追责。应付行为有好几种表现，如辩解、反驳、推卸责任……赶紧道歉也是比较委婉的一种。较之前几种方法，后者看起来更有一种"知错就改"的谦卑姿态，但其实也不过是假象罢了。

从心理的角度分析，这些动辄把道歉挂在嘴上的人，显然是自尊心很强、容不得半点委屈和非议的一类，但这种把个人感受凌驾于对错和责任之上的态度，也体现了他们内心不成熟的一面。不论是不想让别人难堪，还是不希望自己难堪，比起一人的心理感受，观点的正确、责任的承担才是更为重要的事情。

10 看似对别人刻薄，其实却是不肯放过自己

面对别人的成功和幸福，由衷的赞赏才最能体现我们的风度，但那些内心尖酸刻薄的人，却很难说出这样的话语。更多时候，他们更喜欢冷嘲热讽，仿佛若是不挖苦别人两句，自己就没法过得顺心。

在外人眼中，内心刻薄的人心胸狭隘、不能容人，但在这种嫉妒心的背后，说到底是对自身处境的不满和无力，因此，他们看似用锋利的语言刺向别人，其实却是折磨着自己，不肯放自己自由。

陆斯恩与马特同年进入一家公司，但在 3 年之后，马特已经凭借着自己的优异表现，跻身于公司的领导层。虽然只是个"小头目"，但这一晋升速度仍显得很快，公司里的同事得知后，都纷纷向马特道喜。

作为与马特一起进入公司的同事，陆斯恩却显得有些淡漠，即便是在马特举行的庆祝宴会上，他的表情仍然显得格外"凝重"，以至于在向他祝贺时，语调也显得特别冷漠。对于陆斯恩的表现，同事们倒也能够理解，但接下来他的一些做法，却让同事们十分不解。

私下每当提起马特的时候，陆斯恩总是要对他进行一番挖苦，讽刺他是故意表现；如果马特给他分配任务，他又会私下嘲讽他摆领导架子。有一次由于自己工作疏忽，马特好心提醒了他几句，陆斯恩当即酸溜溜地表示自己"一定听从领导的安排"，还特意当着众人的面，加重了"领导"二字，此后，其他同事们也都开始对他保持距离了。

为人刻薄是一种很不健康的心理，小时候的经历、对别人的忌妒、对自己的不满……这些都有可能使人逐渐变得刻薄。但在这些原因的背后，刻薄终究是一种对自身感到不幸，而发泄在别人身上的负面情绪。也是一种看似攻击别人，实则保护自己，但又将自己牢牢束缚的不智举动。

对于生活不幸的人来说，别人的幸福就像一把刀，每看到一次就等于刺自己一刀。为了"反击"，为了安慰自己，他们便会想尽办法地寻找对方的不足和错误，以此来获取心理平衡。这种做法很容易让我们想起鲁迅笔下的阿 Q，他的精神胜利法与刻薄之人的种种表现，其实是殊途同归。

遗憾的是，即便受到刻薄的对待，真正有能力的人依然能够更好地完成工作、享受生活；反观阿 Q 这样的人，纵然在精神上取得"胜利"，他的处境也不会有丝毫改变，也只能继续对人刻薄。但刻薄之人的不幸，归根结底是他们自己造成的，他们越是容不下别人，就越是会让自己处于困顿的境地。

尽管男朋友乔休尔总是称赞自己漂亮，娇拉汀却从来没有真正感到过开心。或许是与自小受到宠溺有关，娇拉汀对身边的人总是十分刻薄，尤其是在看到其他女孩子时。

每当和乔休尔走在路上，娇拉汀总是要对身边经过的其他女孩品头论足，当然，她说的都不是什么好话。如果对方烫着最新潮的波浪卷，她就讽刺对方没品位；如果是一位穿着新款名牌的姑娘，又会被她说成是虚荣。即便是一些打扮中规中矩的女孩，也会被她挑身材说事，总而言之在她眼中，除了自己就没有什么漂亮的女孩。

有一次在校园里偶遇被誉为"校花"的赫蒂，娇拉汀身旁的乔休尔也忍不住多看了一眼，这自然又引来了一番冷嘲热讽。听到身后传来的极尽挖苦，赫蒂忍不住反唇相讥，娇拉汀顿时恼羞成怒。但这一次她的蛮不讲理、尖酸刻薄，却使得乔休尔再也无法忍受，不久后，他干脆提出了分手。

因为自觉不幸而选择对别人刻薄，但对别人刻薄，也就意味着不肯放过自己。生活当中，没有人会真正喜欢那些说话酸溜溜的人，即便不得不进行交流，也一定不敢坦诚相待。既然不幸源自自身，最好的改变方式就是承认自己的不足、看到自身的缺点，并以提升自己的能力，来取代对别人的刻薄，这种做法才是最为正向的选择。

11 泄露秘密是为了交心，也是为了交换信息

秘密之所以被称为秘密，关键就在于当事人守口如瓶、绝不泄漏一点有关信息，但有一些人却恰恰相反。在生活和工作中，他们经常会有意无意地对某人偷偷泄密，而另一方出于好奇心理，也会不自觉地被吸引。

都说物以稀为贵，其实，人也有着同样的心理。当一个人单独对自己说出知晓的秘密时，听者自然而然会觉得自己受到了特别的对待，因此感到满足，也会进一步放松对泄密者的警惕和提防，而主动泄密的人也正是

以此来与听者交心，同时还有可能换取到自己想要的信息。

斯蒂芬·维切尔曾经做过一个著名的实验：他随机将实验人员平均分为两组，然后又分别给了两组的每位成员一个盒子，里边装的则是不同数量的饼干。

其中，第一组成员所拿到的饼干盒，里面都只装了2块饼干，第二组的则都在10块以上。斯蒂芬先是邀请他们品尝饼干，然后又要求他们对饼干的口味提出看法。

如他所料，只尝了2块饼干的第一组成员，大多对饼干的口味赞不绝口；另一组给出的评价，相比之下就要低很多。其实，两组成员所拿到的都是同一品牌、同一口味的饼干，区别只在于数量多少。斯蒂芬因此提出了一个著名的原理——稀少性原理。

所谓稀少性原理，是指人们在得到一些带有"限定"意味的东西（或者说对待）时，内心往往更加满足，更倾向于进行肯定的评价。在大多数人的观念中，只有关系特别亲近的人，才能够分享一些秘密，因此一旦有人这么做，他们自然而然就会对对方产生亲近和信任。

这一结果自然是泄密者想要看到的，而且这样做还有一些别的好处。一个消息既然被称之为秘密，也就意味着信息的含金量更高，这样一来，听者自然会更加重视，也会在倾听时降低自己的姿态。以这样的口吻进行交流，泄密的一方也更能够吸引对方的关注，使自己在谈话中把握主动权。

在多年的教育熏陶下，我们都懂得了"投桃报李""君以国士待我，我以国士报之"等道理；既然对方已经诚心诚意地告诉了自己一些秘闻，自己也自然应该有所表示。这样一来，听者才算是回报了对方对自己的信任，而泄密者也可以进一步拉近两人的关系，同时也获得了自己想要的一些讯息。

　　杜鲁是一位极其善于交际的人，因此，他的朋友或同事在一些团体活动中，总是会尽可能地叫上他一起参加，而杜鲁每次也都能以自己的热情和坦诚感染众人，帮助朋友们与别人更好地交流。

　　有一次，杜鲁受好友克劳德之托，一起参加一场盛大的酒会，用后者的话说，"我这次能否吸引到女人的关注，就全看你表现了"。这句话看起来有些荒诞，但真实的情况又恰如他所说的那样。

　　在酒会上，克劳德果然对一位名叫唐娜的女子一见倾心，杜鲁见到之后，当即心有灵犀地主动前往打招呼。眼见唐娜似乎有些冷淡，杜鲁决定抓住女人好奇心很重的特点来打动她。

　　果然，当杜鲁说出"嘿，我知晓关于这场酒会的一个秘密"这句话时，唐娜顿时眉头一挑，露出了些许兴致。杜鲁当即顺势侃侃而谈，同时又不失时机地将克劳德介绍给唐娜。打开话匣子之后，杜鲁按照事前约定，找个借口留下克劳德先行告辞，最终后者果然也与唐娜聊得投缘，并要到了对方的联系方式。

　　好奇心理人人皆有，其中女人又比男性更重。通过讲述秘密来巧妙地博得他人的关注和信任，并借此来打开话题，可说是一种极为高明的交际手段了。

　　还有一类人由于自觉孤寂落寞，也会主动把自己知晓的秘密泄露给他人，这样做则是为了博取众人的关注。如果一味地凭借这种方式来交际，也难免会被视为"爱嚼舌头"，因此，这种交往手段并不是次次可用，涉及他人隐私时更应该小心谨慎。

12 "我是为你好"，不代表真的就好

父母师长在向晚辈说教时，动辄会提到一句"我是为你好"，但这一句话却总是使人十分气恼。其实，对于长辈们的关心爱护，人们并非不能理解，只是有一点：说这话的人即便真的希望别人好，也不意味着他们的意见真的就好。

"我一切都是为了你好，所以你要听我的"这种独断专横式的做法，说到底是一种道德绑架，是一种将自己的感觉，凌驾于对方之上的蛮横无理。这种态度的背后，则是强势一方对弱势一方毫无信任、强制干涉的心理，也是控制欲很强的一种体现。

希拉瑞莉的父亲在很早前就突然离家，此后希拉瑞莉一直与母亲伊芙相依为命。正是在母亲的照料下，希拉瑞莉才得以健康长大，但这反而成为了她长大后的苦恼。

和许多同龄女子一样，希拉瑞莉在毕业工作后，也开始去和一些异性进行交往，但她所遇到的阻力却比别人大出许多。在朋友的介绍下，希拉瑞莉其实认识了许多要么富有、要么温柔、要么帅气、要么上进的男子，但每当她带着男友去见母亲时，总会被母亲各种挑毛病。最终，希拉瑞莉的每一任男友都被母亲逼走，为此她也陷入了巨大的苦恼中。

每次和母亲争吵时，母亲都会声泪俱下地说："我还不是为了她好，不希望你也经历和我一样的悲剧婚姻？这个世界上哪还有人会像我一样为你考虑？"每当母亲说出这样的话，希拉瑞莉就知道自己再无反抗的余地，只得黯然地低头垂泪。

现实当中，像希拉瑞莉这样的故事还有很多，至于他们是否真的见到

了长辈所说的"好"，结果自然不言而喻。遗憾的是，那些口口声声为别人好的人，往往很少能够真正帮助后者找到幸福，有一些甚至还造成了新的悲剧。

"我是为你好"这句话的杀伤力，不仅仅在于它强制了对方的行为，更致命的是在道德上压制了对方。当说出这句话后，说话者本人等于是把自己摆在了至高无上、绝对正确的位置，而另一方则被迫戴上了不知体谅、不识好歹的帽子。因此，这种干涉不仅是对对方生活的干扰，更是对对方精神的摧残。

当被训斥的一方不得不接受这一"好心"，因此陷入困境时，施教的一方反而常常能够享受这种自我标榜带来的好处。有的人动辄喜欢"为别人考虑"，其实是想趁机炫耀自己，更令人唾弃的则是那些以此占便宜的人。

乔安娜在一次宴会上，认识了自己的男友欧尼斯特，两人很快就坠入爱河。最初时，欧尼斯特的温柔浪漫确实打动了乔安娜，但随着两人相恋日久，她却发现欧尼斯特隐藏着的另外一面。

当时，乔安娜已经有了一份薪水不低的工作，而欧尼斯特仍处于刚刚起步的阶段。打着"我是为你好，为将来考虑"的口号，欧尼斯特总是劝诚乔安娜，放弃购买一些不算太过昂贵的东西，说是要为两人的将来生活考虑，并堂而皇之地接管了她的薪酬。

这也就罢了，但欧尼斯特本人私下却经常用这笔钱来购买一些理财产品，对此，乔安娜一开始并没有在意。直到有一天她才发现前者衣兜里的一些票据，多是昂贵的坤包和衣服，但自己却从来没有收到过。直到此时，她才看清了自己男友的真面目。

"我是为你好"，这实在是一句简明有效的话，许多单纯善良的人就这样被这句话表面上的温情款款所欺骗，最终使得自己受尽伤害。因此，当一个人说出这句话对方时候，作为听者的一方一定要谨慎对待。

尽管不排除有些人确实是真心实意为对方考虑，但站在不同的立场上，这种一己之见也并不是那么使人信服。尤其是在两代人、三代人之间，还隔着不同时代的生活差异、思想差异，只强调自己的所谓"为你好"，反而很有可能起到完全相反的作用。因此不论是说者还是听者，都不应该对这句话太过在意。

13 直呼姓名看似冒失，却是刻意拉近关系的表现

在传统的观点中，直呼姓名是一种极其冒失、失礼的表现，为此古人才特意在姓名之外为子女另取一"字"，以供父母师长之外的人称呼。即便是在文化背景有着很大差异的国外，人们在交流时也不会轻易地直呼姓名，否则很容易使人感到不适。

不论是以上哪种文化习俗，背后都有着同样的一个认知：除了较为亲密的关系之外，直呼姓名都是不太合适的做法，但生活当中却经常有人反其道而行之。当然，这样做往往并不是因为说话的人缺乏礼貌教育，而是他们为了拉近关系刻意为之。

汉妮是一家公司的前台接待人员，也是公司许多访客所要面对的第一道防线。任何一位来到公司、想要拜访老板的客人，首先都必须征得她的许可，然后才能进入老板的办公间。

有一天，一位名叫德威特的销售新人来到汉妮的公司，想要向她的老板推销一样产品。如同许多其他访客一样，他首先来到了汉妮的面前。为了能够打动对方，他特意摆出一副很正经的面孔，并十分礼貌地向她问道："这位女士，我有事需要见一下你们的老板。请帮我转告一下好吗？"

然而汉妮在听到之后，却立即回答说："抱歉，老板今天有事，无法随便见客。"德威特只得低着头无奈离去。就在此时，他听到汉妮的同事亲切地直呼后者名字，后者也一脸微笑的样子，他顿时有了新的想法。

次日，德威特再次前来造访，这一次他换了一种口吻，用十分亲切的语气问道："你好啊汉妮，请问，今天我可不可以见到你们的老板呢？""当然可以，请跟我来"。汉妮也十分亲切地回答。就这样，德威特顺利地见到了这位老板。

尊称虽然可以显示出一个人的礼貌和尊重，但与此同时也会相应地营造出一种距离感，不易使人觉得亲切。如果仔细观察我们就会发现，人们在彼此熟悉的过程中，双方直接的互相称呼，也经历了好几个变化阶段，从尊称到直呼姓名、再到兄弟相称，越是关系亲密就越是没有限制，反之则必须要尽可能地礼貌用事。

在一些重大的外交场合，来自不同国家的代表为了展现友谊，有时也会打破国内习俗，以直呼对方姓名来促进交流，但这种做法也并非适用于任何情形。有的人在被不熟悉的人直呼姓名时，心里也会感到十分不舒服，因此在与他们交流时，最好表现得正经一点。

刚参加工作时，乔治就有幸结识了一位比自己略早进入公司的学长达伦，这位学长恰恰还是自己的上司。眼见达伦对自己比较照顾，乔治也不由得有些得意忘形。

每当部门的同事们向达伦汇报工作时，都会十分尊敬地称呼后者为"经理"，但乔治自从得知达伦是自己的学长后，就再也不这样称呼他了。如果是在一些私人性质的聚会中，乔治有时更会直呼达伦的名字，看起来就像在校园里遇到了一位朋友。一向严肃的达伦对此自然感到十分不快，慢慢地，他也减少了与乔治私下交流的次数，并开始摆出冷冰冰的面孔。乔治虽然有所察觉，但却不知自己哪里惹恼了领导，为此有些苦恼。

直到此时，一位特别善于交际的同事才提醒他：摆正自己的身份，注意正确的称呼。乔治这才有些明白。此后在正式或人多的场合中，乔治都会以正式的称呼来向达伦汇报工作或交流，而达伦也逐渐收起了自己的拒绝姿态。

对于刚进入职场的人来说，与新同事打交道会显得有些困难，其中的原因之一就是不知如何称呼对方，所以难以启齿。为了显得亲近一些，有些人会勉强自己直呼同事的名字，但这种刻意而为的勉强往往会显得十分生硬，甚至是十分"虚伪"。

称呼方式与两个人的心理距离密切相关，如果不想在称呼上犯错，实质上就是要拿捏好双方的心理距离，明确自己在对方心目中的真正地位。为了更加稳妥起见，不妨遵照其他同事的普遍叫法，这样就不会显得过于失礼。

第八章

职场中，
那些不经意的行为透出的"小心思"

行为心理学家指出，外在动作是由一个人的内心活动决定的，一个人的言行举止可以暴露其性格与心理特征。职场是个重交际的地方，懂得察言观色是每个人应该学的一项技能。在职场中，一个人若不懂得察言观色，那么，他在工作中与同事、上司沟通或交流便也会显得不顺畅。所以，身为职场人，要懂得从一个一闪而过的表情或行为动作中所传达出的信息，了解了这些行为背后的含义便可以让你在第一时间内知道对方的想法，弄懂他们内心隐藏的一些"小心思"，进而调整自己的沟通策略，为你赢得良好的人际关系。

01 袖手旁观的冷漠之下，隐藏着对自己的怀疑

许多人都遇到过类似这样的情况：朋友群里经常有许多人讲话，但当自己求助时却少有人问津；办公室里接到其他通知，或是电话响起，有的同事却从来不会主动起身去帮忙。这样的冷漠态度，实在是令许多人都看不下去。

个别时候，这些人可能是真的因为太过忙碌，无暇顾及其他情形，但也有一些人完全是因为太过自我，不考虑自己的举手之劳，就能够帮助别人解决许多困扰。这是一种自我中心主义的典型表现。只不过这种倨傲的表现背后，其实很有可能是对自己能力的怀疑。

哈利在公司里向来不受同事们的喜欢，事实上他并不是什么嚣张跋扈的人，反而对工作十分上心，但也正是由于他太过"上心"，反而使得同事们对他评价不高。

由于公司业务繁忙，办公室里的几台电话时不时就会响起，同事们也经常要临时处理许多任务，但在这一片忙乱当中，哈利却是唯一的"一抹宁静"。不论同事们如何手忙脚乱，他都只是安安静静地干自己的；偶尔同事们想要让他搭把手，他也总是推脱，或是置若罔闻。

对此，同事们不免有些抱怨，说他太过傲慢，但事实却截然相反。哈利本人其实十分畏惧自己搞砸事情，更担心被别人拜托却做不好会被人轻视，因此，他总会忽略别人的事，"专注于"自己的工作。面对同事们的嘀咕，哈利也感到有些羞愧，但这种心理又使他对主动帮忙更加忧虑。

现实当中，有不少人都像哈利一样，出于对自身能力的怀疑，在别人需要时袖手旁观，想要以此躲避被人嘲笑的结果。这也是人的防卫心理本

能使然。只不过这样虽然能够避免出糗，但很容易给别人留下高冷、孤僻、自私的印象，显然得不偿失。

如果说这种明为傲慢、实为自卑的心理还可以理解，那么，还有一些纯粹是出于高傲而袖手旁观的人，就显得格外令人厌恶了。比起那些自卑人士，他们打心底里觉得自己更加重要、自己的工作更加紧急，并把那些琐碎杂乱的临时事务，都看作是下等员工应该做的事情。

蜜尔娜与办公室里的许多同事一样，都做着相同的工作，但她心中却认为自己是最重要的那一个。她的这种心理不仅停留在想法上，也体现在她日常的工作当中。

每当同事们一脸为难地向她开口，请求蜜尔娜帮助他们递一份文件、或是讲解某个不懂之处时，蜜尔娜总会一脸决绝地回答说："我现在正做着很重要的工作，一刻都耽搁不得，你还是另请高明吧。"如此碰了几次钉子后，同事们也都识趣地不"打扰"她了。

年末公司对所有人进行考核，并打算挑选一批表现突出的员工作为储备人才，蜜尔娜对此充满期待，自信以自己兢兢业业的表现，一定能赢得公司的青睐，然而这一次她却失望了。尽管自己的业绩确实略微高一点，但在综合考核过后，公司却认为她过于自我，无法做好协调合作。就这样，原本自视甚高的蜜尔娜最终与目标失之交臂，私底下更成为同事们的笑柄。

在与人相处时，过于倨傲的姿态不仅不会凸显出一个人的尊贵，反而恰恰是其性情卑劣的证明。在讲究团队合作的职场当中，只专注于自己的工作却忽略他人，就很难胜任公司的重要任务，也很难赢得上司的青睐了。

比起为了追求业绩而漠视举手之劳，乐于助人更能赢得上司、同事的信赖，也更能证明自己的优秀；在生活当中，这样的人也更受欢迎。因此，对于那些过分"专注"于自己的人，我们必须善意地提醒他们：学会适时地为身边人，伸出自己的援助之手。

02 过于小心谨慎，可能是神经质的体现

面对出行或是工作，人们通常会表现为两种态度，一种是全然随意，不喜束缚，另一种则是事前必须做出计划。后者中的一些人甚至会事无巨细地进行安排，把整个行程表写得密密麻麻。

这种小心翼翼的态度和做法，看起来是一种谨慎的表现，其实，却远远不止如此。在心理学家看来，如果一个人对自己的日常生活和工作安排过于周密，很可能就是神经质的一种表现。

公司里的许多同事，都笑称阿尔杰农是一个"脱离时代"的人，这在很大程度上，是因为后者在这个电子产品快速更迭的时代里，依然喜欢使用传统纸质的日程安排簿。

随便翻开阿尔杰农的日程安排簿任意一页，人们都能看到密密麻麻、不同颜色的字迹和符号，也必定会对他的细致、周密安排啧啧称赞。每天的工作任务、要买的东西、下班后的活动……任何一件看起来微不足道的事情，都会被他记录在安排簿上，而那些已经完成的事项，则会被他用红笔一一划去。

其实，也不是没有同事劝过他，向他推荐电子产品自带的日程安排簿，但阿尔杰农却一再拒绝。在他看来，只有自己亲自执笔将事项写在纸上，再在完成之后亲自划去，才能真正感到安心。对于他的这一解释，同事们都感到哭笑不得。

因此，在办公室里，同事们总能见到这样一幕：每当坐进办公室，阿

尔杰农首先就会拿出日程簿，依照记录的顺序开工，每完成一件就一定要执笔划去。不仅如此，每天下班后他还要再次检查对照。这也成为了办公室里一道独特的风景线。

在职场当中，像阿尔杰农这样的谨慎员工，总是令人非常放心，然而他们的谨慎小心表现之下，却有着一颗神经质的心。他们对于计划有着近乎偏执的重视，因此，多数时候能够按部就班地顺利完成工作，但要让他们担当大任，却还是不够妥当。

他们之所以无法完成更重要的事情，并非是因为他们还不够稳重，而是因为他们过于僵化，在变通一事上有所不足。尽管他们能够做出周密的规划，却对规划之外的突发情况缺乏应对能力，而突发情形恰恰又是一些重要工作中无法避免的情况。

比尔在公司里工作了将近10年，是一名小小的团队组长。在多年的工作生涯中，比尔取得的成果虽然不及同事，但他的认真负责却是许多同事都极为称赞的。

由于某位负责人突然离去，公司的一个项目突然陷入困境，为了尽快步入正轨，公司领导决定由有着多年经验、一向以稳妥见长的比尔暂时接管。对此曾有一名副领导表示担忧，但最终比尔还是被委以重任。

比尔接手后，当即对这一项目的后续事项进行了规划，每一阶段环环相扣，看起来确实挺像那么回事，但在接下来的后续工作中，这一"周密规划"，却根本没能起到应有的作用。由于公司内部的变动，该项目的合作方也有了新的方案，这就使得比尔的规划，出现了意外的变数。

由于这些突如其来的变数，比尔的工作并不顺利，此时团队内部又有人提出新的建议。这些建议按理来说都比较合理，但比尔本人却无法接受计划被打乱的安排，因此表现得手足无措，不知如何是好。项目的进度因此再次受到阻碍。直到此时，公司领导才意识到问题，不得不"临时换帅"，再次以别人接替了比尔。

喜欢对生活进行周密规划的人，内心大多比较固执，不愿意接受改变。在这种心态的驱使下，他们对于那些变动性的事务，也就很难应付自如了。在职场当中，"大事不糊涂"有时远比"一生唯谨慎"要重要，更是成大事者应该具备的素质。

因此，那些凡事谨慎的人虽然很少在工作中出现纰漏，但这却并不意味着他们能够担当大任，就像案例中的比尔那样。对于这类人，我们也建议他们试着去调节内心，尤其是要学会纠正自己的偏执心态，这样才能更好地应对生活和工作中的突发变故，做到遇事不乱、有条不紊。

03 跳槽未必是工作环境不好，或许是人不够优秀

比起踏实工作了一生的父辈，现在的年轻人对工作有着更多的要求，表现得也更加挑剔，一旦工作不合心意，这些人往往会来个"说走咱就走"，半点不拖泥带水。事实上，跳槽的真正原因未必是工作不好，或许是人本身不够优秀。

偶尔的跳槽或许可以归结为工作方面的原因，但如果是频频跳槽，那么当事人就应该摸着胸口，好好反思一下自己了。或许有些人会觉得"此处不留人，自有留人处"，但如果自己的能力不到位，即便是再怎么努力地奔走，也可不能遇到欣赏自己的伯乐。

莉迪亚和许多同龄人一样，在大学毕业后参加工作，但比起同龄人，她的工作经历显得更加富有"传奇"色彩。

原来，她的大部分朋友在入职后，都在同一个岗位上干了很久，最短的也至少干了近2年。但在自己工作后的5年间，莉迪亚已经先后换了十

几份工作。在这期间，她几乎从未在任何一家公司待够 1 年，大部分是熬过试用期后便匆匆走人。甚至还有一次她早上上班，下午就直接来了个"裸辞"，使得身边的朋友们大为震惊。

眼看她长期处于这种不安定的状态，莉迪亚的家人都为她感到担忧，她的朋友也对此摇头不已。一开始，大家还会相信她的抱怨，认为是工作不够好，但现在已经没人会这么认为了。

终于，当莉迪亚再次因为上司的"挑刺"，愤而辞去仅仅干了 5 个月的工作时，她的朋友们再也无法忍受她的诉苦了。说："噢，亲爱的，我觉得你需要抱怨的不是工作，而是你自己。"她的朋友海伦明确批评她说："如果你继续这样任性，总是站在这头看那头的话，不管你再怎么换，我都保证你找不到满意的工作。"对于海伦的这一说法，其他朋友们也都点头表示同意。

眼见朋友们都这么说，莉迪亚在一番反思之后，也不得不艰难地承认：她们说的都是对的。从此之后，莉迪亚开始改变态度，认真处理工作中的各种事情。好在之前多少积累了工作经验，在最初的磨合过后，莉迪亚终于坐稳了办公室，她的朋友们也终于可以摆脱她的诉苦了。

人们跳槽的原因有很多，其实最主要的原因还是对现状的迫切不满，想要尽快摆脱现有困境，找到一条"前途光明"的大路，问题在于，真正光明的其实往往不是哪条路，而是走在路上的人。如果自己无法在工作中表现出能力，无论怎么跳都无济于事。

站在这山看那山高，但在此山与彼山之间，却总是有着一条很难跨越的沟壑。人们想要通过跳槽来提高自己的身价，这固然可以理解，但这种做法却是一种想要不劳而获的懒惰心理，不应该得到别人的认可。

除了好高骛远以外，跳槽者的内心往往还有别的盘算，如基本需求、公平感、幸福感等的缺失，这说到底都是心理需求没有得到满足之故。还有一些员工则是因为在理念方面无法与公司达成一致，这才选择了"道不同不相为谋"。

由于攀比心理作祟，许多人在工作期间，都会有意无意地与他人进行多方面比较，一旦发现在某一方面处于劣势，就会心生不满，并影响到自己对公司的情感。事实上，职场当中并没有能力完全相同的两个人，任何时候都不可能做到绝对公平。一些年轻气盛的职工对此缺乏认识，只是一味地进行盲目比较，但这样的比较永远都不会换来想要的结果。与其对公司抱怨，倒不如把时间用在提升自我的能力上，这才是比跳槽更加理智的选择。

除了单独跳槽以外，许多公司还会出现集体跳槽的情况，这除了公司自身的问题之外，部分员工的盲目从众心理，也是导致这一情况多发的原因。许多时候，集体跳槽只是团队内部少数人的想法，但在团队呼声的"怂恿"之下，其他一些人也会盲目附和。显然，这样的跳槽很难换来什么"远大前程"。

因此，对于不满现实工作的人来说，与其考虑什么工作更好，倒不如考虑自己是否不够好、如何变得更好。只有这样，才能在职场中真正找到自己想要的未来。

04 拒绝不果断，别人就会有机可乘

与职场中的同事打交道，互相请托在所难免，只是并非所有的请求，都能被我们所接受。同样是拒绝，有的人很容易就打发了对方，有的人却最终只能"屈服"，硬着头皮选择接受。为什么呢？

很多时候，一个人的拒绝方式也会泄露其真实心理，从而给对方留下可乘之机。因此，如果真的想要拒绝对方，身处职场之人就应该明白一个道理：拒绝首先是一种态度，其次也是一门艺术。

奥萝拉与丹妮丝在同一家公司工作，但两人的性情却截然相反。比起小心谨慎但内心善良而又懦弱的丹妮丝，奥萝拉显得大大咧咧，但同时也十分果决。

和许多人一样，她们在初入职场的时候，也经常会被某些同事请求办一些事务，对此两人也表现得截然相反。即便自己是新人，奥萝拉却表现得底气十足，只要自己顾不上或是不愿意，就干干脆脆地一口回绝；丹妮丝，就和许多畏缩犹疑的职场新人一样，对所有请托一概来者不拒，为此总是忙到很晚。

随着两人先后成为正式员工，手头负责的工作也越来越多，再也无法像之前那样为同事分忧了，但丹妮丝的情况却并没有多大改变。哪怕自己有时不情愿，她仍然表现得十分犹豫，也从不敢干脆利落地拒绝。每当这种时候，同事们只要再多"纠缠"片刻，丹妮丝就会自动"服软"，进行无偿援助了。

因此，奥萝拉与丹妮丝在职场上，逐渐表现出完全相反的表现，两人的境况也愈发不同。尽管经常在完工之后提前走人，奥萝拉却被上司视为有才干，因而逐渐得到重视，得以参与更多重要工作；丹妮丝却在日复一日的为他人分忧中度过，每天都要比别人晚走一些。最终，奥萝拉成为了公司的骨干，而丹妮丝依旧只是一个毫不起眼的普通职工。

拒绝首先是一种态度，具体来说，应该是一种坚决的态度。许多人拒绝之所以失败，首先就是因为他们的态度不够果断、决绝，因此使对方觉得有了转圜的余地。

一口回绝的态度虽然看似不近人情，却能最直白地表明自己的意愿，同时也能最大限度地"挫伤"对方的心意。如果自己连拒绝都感到犹豫，对方自然会觉得自己并非真的不乐意，因此就更不会轻易死心了。在这种情形下，拒绝一方从一开始就削弱了自己的气势，另一方自然就处于强势了。

即便如此，许多人还是会对拒绝一事感到难以启齿，其中也有着十分深刻的心理原因。这种心理实质上是以自己主观为蓝本，来看别人的心理投射，简而言之就是过于在意别人的眼光。

在社交当中，个体不是独立存在，而是要与其他个体产生交集，但这也使得一些人会对他人看法过于在意，甚至以他人的评价来确定对自我的认知、判断。这样一来，别人的目光反而成为了他们精神上的枷锁。

在这种认识的影响下，这些人就会把为别人付出，看作是换取认同和自我增值的渠道，一旦拒绝了别人，就意味着无法从别人那里获取好评，无法找到自身的价值和意义。此外，拒绝还会导致他们心中的成就感缺失，这也是许多人不敢果断拒绝的原因之一，但这种畏惧，恰恰又是一个人心理脆弱的证明。还有些人担心拒绝会伤害人与人之间的情感，这种想法显然是低估了真正的友情，也高估了拒绝的破坏力。那些因为一次拒绝就破裂的关系，大多本就是谋求利益的暂时联合，而那些真正可贵的友谊，都是能够经得起时间的长久检验的。

如果还是担心拒绝会伤害感情，那么，我们还可以在讲究态度之余，讲究一些艺术性。比如，做好礼节方面的工作。除了明确表示拒绝之外，我们还可以附带说明自己的顾虑、苦衷，并以委婉的方式进行陈述，表明自己的歉意。这样一来，许多识趣之人也就会知难而退了。

05 敢于踏入对方的"主场"，谈判就等于成功了一半

在商务谈判当中，除了双方代表人员的选择外，洽谈地点的选择也是一个重要环节。一般而言，邀请对方来自己的"主场"，显然对自己更加有利，但有的人偏偏喜欢反其道而行。

将对方的主场选作谈判地点，固然会在地利上处于劣势，但有时候，这却反而更能促成谈判的满意结果。对于一些谈判高人来说，以对方的主张作为"战场"，本身就是实力的证明，等于宣告谈判成功了一半。

茱蒂是一位职场女性，同时也是公司里数一数二的商务洽谈达人。在她的努力下，公司许多看起来很难签订的合同，最终都被她一一搞定。

每当与另一家公司代表进行洽谈前，茱蒂都要依照惯例与他们进行沟通，就谈判的项目、地点等内容大致通个气，关于地点则一概交由对方决定，基本上都选在了对方的公司，或是其他熟悉的地方。这对于对方而言，显然是十分有利的条件，但茱蒂每次都能取得令公司满意的谈判结果。

与她的做法相反，公司里的其他同事在负责对外洽谈时，大多会选择在本公司里进行会晤，但他们的成果反而并不如茱蒂那么显著。对此，许多同事都感到十分不解。

选择己方比较熟悉的场地，是大多数人选择谈判时的第一想法，但就自己想要的结果而言，熟悉并不完全等同于有利。茱蒂之所以选择在对方的主场谈判，就是因为她意识到了这个问题。

站在自己的立场上去考虑，就很难顾及到对方，选择对自己有利的熟悉场地，基本上也就等于选择了不利于对方的陌生场地。在这样的背景

下，谈判对手自然会对谈判抱有很大戒心，在会谈的过程中，也很难彻底敞开心扉。因此，选择自己的主场虽然看似占据地利，其实却失去了最为关键的人和，也就很难说服对方，并取得令双方都满意的结果了。

与此相反，那些大大方方地踏入对方主场的人，虽然看似不占据地利优势，其实却在人和方面更进一步地占据了优势。选择对方的主场，很大程度上能够传递出一种尊重对方的选择、珍惜对方的时间的信息，这对于谈判对手而言，是一份十分宝贵的用心。既然自己所面对的是一位"君子"人物，自己自然也就可以放下心中的一些顾虑和提防了。

不仅如此，敢于踏入对方的主场，也是一种极度自信的表现。在激烈交锋的商务谈判中，天时、地利、人和或许可以失去，但无畏的气势却决然不能丢失，否则就很容易被别人牵着鼻子走，失去自己的立场和底线。当对方因畏惧而选择对自己有利的场地时，其实，在心理上已经选择了退避，当对手一旦踏入自己的主场，自己就已经输在了开头。

人们对于自己熟悉的地方，总会感觉比较安心，但在安心的同时，内心的防备也会松懈下来。许多人之所以选择在对方的主场谈判，内心其实也就是希望借助牺牲地利，来换取对手的心理破绽。根据心理学家的研究表明，在光线较暗的地方，人们会因看不清对方面孔而觉得更加安全，同时也能减少心中的对立情绪，使得双方更加亲密。在这种场合下，一位谈判高手很容易就能透过对方的一些微小动作，获取到更多有利的信息。

如果对方选定的主场是自己的公司，这反而会是一个更好的消息，因为这就意味着自己可以更好地了解对方的全貌。从对方的办公室或是厂子里，人们能够了解到更多关于这家公司的信息，比如企业规模、内部文化、团队实力、运行情况、发展前景等。这些都是双方在谈判合同的过程中，不可忽视的重要信息。

在对方公司里谈判，对方也就很难用"忘记携带文件"等作为借口，反倒是自己可以以此推脱一些合作，这又是一个极为隐蔽的考量。反过来说，如果对方真的选择在自己的主场谈判，也就说明他们对合作多少抱有一些期望。摸透了这一点，自己的发挥余地也就更多了。因此，在对方的主场谈判非但不是什么坏事，反而是自己取得成功的一道曙光。

06 以退为进的策略，能使对手猝不及防

都说"狭路相逢勇者胜"，但真正坐到了谈判桌前，人们才经常发现，硬碰硬的做法根本就行不通。与激烈的战场角逐不同，商场交锋没有硝烟，也更需要学会退让而非争夺。

在常人看来，商务谈判中的退让就等于出让利益、承受损失，但这种看法显然是误解。对于真正熟稔谈判规则的高手而言，一时的退让并不代表放弃利益，而是通过以退为进的方式，使对方暂时放松警惕，以此来给对方一个猝不及防。

日本某公司与美国某公司进行一次技术协作谈判。谈判伊始，美国公司首席代表便拿看了详细的材料，滔滔不绝地发表了本公司的意见，而日本公司代表则一言不发，仔细听并埋头记笔记。

美方讲完之后，才开始征询日本公司代表的意见，此时，日本公司代表却显得茫然无知，反复表示自己"没做好准备""事先未搞技术数据""需要时间准备一下"。第一次谈判就这样不明不白地结束了。

几个月后第二轮谈判开始，日本公司以上次谈判团不称职为由，另派了新的代表团。如同上次谈判一样，日本人在这次谈判中仍是"准备不足""毫不知情"，最终第二次谈判也草草地收了场。

几个月后，日本公司又如法炮制，开始了第三次谈判。美国公司老板

因此大为恼火，认为他们没有诚意，于是就下了为期半年的最后通牒，表示到时如果谈判不成，就取消双方协定。随后，美国公司便解散谈判团，封闭所有的技术资料，等待半年后的后一次谈判。

没料想，通牒发出仅几天后，日本便派出由前几批谈判团的首要人物组成的庞大谈判团，美国公司只好仓促上阵，匆忙将原来的谈判团成员召集起来。这次日本人一反常态，带来了大量可靠的数据，对技术、人员、物品等有关事项都做了相当精细的策划。这一次，轮到美国人茫然了。最终美方仓促签了字，其中所规定的某些条款，自然是明显有利于日方。

无论是战场角逐还是商场交锋，人们总是会出现"一鼓作气、再而衰、三而竭"的情况，在这由盛转衰的过程中，其实就隐藏着许多胜利的机会。对于气势汹汹、势在必得的谈判对手而言，主动地退让，一方面能够使他们无从下手，耗费他们的心神，另一方面也能使他们产生懈怠的心理。在这样的情势下，早已养精蓄锐多时的己方就可以趁机出手，一举攻克对方的心理防线，取得令自己满意的成果了。

需要注意的是，以退为进所谓的"退"，其实并不是真的退让，只是以一种类似退让的姿态，使对方从中得到心理满足，不仅思想上会放松戒备，而且作为回报，也会满足己方的某些要求，而这正是己方所要的结果。当然，一些更为高明的人士也会反其道而行，比如先是故意提出一个令对方无法接受的要求，然后在接下来的谈判中趁势自降标准，以此使对方心理获得平衡。

在一次工程产品采购谈判中，围绕着首付款多少的问题，采购方的代表班奈特与供货方的代表伊诺克之间，产生了极度的分歧。眼看这次谈判就要失败，班奈特决定换种方式进行沟通。

按照伊诺克的要求，班奈特一方至少要付占总价50％的首付款，但这一要求显然与班奈特所想相差太多。为了让情势有利于自己，他故意做出一个大胆的回应：只付 25％ 的首付款。

这一要求提出后，伊诺克的脸色瞬间大变，此时，班奈特又不急不缓地表示，鉴于他们的产品确实优良，最高可以出到 32％。这一次轮到伊诺克犹豫不定了。最终，双方以 35％ 的首付款额签订合同，而采购方最初的底线其实是 40％，班奈特还是占了大便宜。

比起日本公司所采取的策略，班奈特的这种做法更加高明，但也更难以拿捏，十分考验个人的谈判智慧和能力。除此之外，以退为进还需要讲究一定的原则，把握好退让的幅度、时间、底线和次数等，否则，以退为进很有可能会变成溃不成军、一退再退，最终自食苦果。

07 职场拖延症：懒惰之余也有恐惧

仔细观察坐在办公室里的人，我们会发现这样一个"有趣"现象：许多人一进公司，首先做的不是工作，而是一些鸡毛蒜皮的小事。尽管手头的工作量不大或是难度不高，他们仍然要拖上很久，甚至直到下班之前才匆忙交工。

这种做法落在上司眼中，自然会被看作是懒惰、懈怠，但这并不是全部的答案。心理学家研究发现，在这些喜欢拖延的人当中，有相当一部分是因为种种顾虑和畏惧，才选择了忽视自己手头的任务，其实这种表现也是一种心理疾病。

在学习和工作中，有些人对时间有一种另类的畏惧，既担心时间不够用，同时却又喜欢把事情拖到最后一刻，比如"等到了 X 点 X 分，我再去干这个"。这种心态背后，其实是一种混乱的时间观念。

之所以会出现这种情况，是因为他们在成长的过程中，时间感的演化没能跟得上节奏。在一个人从婴儿到老年的一生中，不同的人生阶段会对时间有不同的感触，而那些拖延症患者，时间感基本是停留在了青年阶段。这一阶段的人们感受到的，是时间的无限性，因此，也就很容易对学习、工作、生活放松警惕，抱持着无所谓的态度，以至一拖再拖。

还有的人虽然对时间流逝没什么概念，但却对成败看得太重，这也会引发对成败的恐惧。在他们看来，成功需要的付出太多，失败又会暴露自己的无力，在这反复的纠结当中，时间却早已一分一秒地过去了。

艾维斯在公司里从事创意类工作，这本是一个比较有难度的工作，然而，艾维斯每天上班之后，首先做的不是打开工作文件，而是登录各大社交网站，或是拿出手机翻半天。等到他正式开始工作，有时甚至已经是午餐过后了。

由于公司实行弹性工作制，艾维斯总算没有被老板责备，但对于他的工作质量，老板却逐渐开始有些不满。原来在工作中，艾维斯总是觉得自己能力不足，因此感到十分焦虑、恐惧，对自己的标准也一降再降。最初时他还寄希望于拖到最后一刻，以此刺激自己的大脑全速运转，但在消极心理的影响下，他的灵感越来越少，任务反而越拖越多了。

如果依照他最初时表现出的能力，他完全可以做好公司当下分配的任务，但艾维斯本人却不这么想。在他看来，既然自己现在的工作已经不尽如人意，那就意味着自己实力有限，再怎么努力也只是白费时间，而且，他也不希望被别人看到自己努力过好的失败结果。就这样，他不仅没有抓紧时间集中精力地去解决问题，反而选择了像以往那样继续拖延。最终，老板失望了，将他从公司里开除。

许多拖延症患者同时也都有着完美主义倾向，但这种完美情结却带来了很多负面影响。在这种心理的暗示下，他们总是希望自己能够尽善尽美地完成任务，因此一定要先考虑周全，才肯付诸行动，但考虑得越是复杂，他们就越是觉得无从下手，这样一来就在无形中导致了严重的拖延。

拖延症患者的这种完美主义，不仅会体现在对工作任务的态度上，还会体现在对自己的要求上。由于凡事追求完美，他们对自己的能力十分看重，并会将其作为评价自我的唯一标准。每个人与生俱来的心理防御机制，又不允许他们承认自己在能力上的不足，因此拖延就成为了最好的借口。当自己没能取得想要的成果，或是没有得到理想的评价时，他们又会把一切问题归咎于拖延，而非自己的水平了。

这样的推脱责任却并不能真的使他们安心，反而会使他们出现更多的心理问题，如自我否定和罪恶感等。这些心理活动又使得他们愈发感到畏惧。因此，拖延症患者常常会陷入恶性循环，离自己期望的结果越来越远。

显然，拖延困扰人们进步，克服拖延症必须提到议事日程上来。通过排除干扰、正视缺陷、职业规划等方式，都能起到改善拖延的效果，但说到底，这种症状需要患者花费力气，从心理层面进行纠治，这样才能使自己得到真正的蜕变。

08 反对的声音，对上司而言同样重要

不论个人能力多么突出、不论上司头脑多么明晰，只要世界上没有完全相同的两个人，职场中也就不会有看法完全一致的上下级。当两者的看法产生抵牾时，后者应该何去何从呢？

在职场中，有些人或是出于真心仰慕，或是出于虚与委蛇，最终都成为了上司的"应声虫"，唯上司的观点是从。或许在他们看来，这是一种最为稳妥的职场工作态度，但作为上司却未必这么想。许多时候，上司反

而会对那些反对的声音看得更加重要。

露西是公司里的一名普通职员，因为一个偶然的机会，得以陪着老板去外地谈一个大项目。在这一过程中，公司的谈判突然遇到了一个瓶颈。

原来，露西所在公司的产品虽然优质先进，但此时却有另一家公司也开始研发同类产品。采购方的态度也因此突然动摇，露西的老板只好召集所有人讨论应对措施。

在谈论中，几乎所有人都建议老板通过降价来挽救生意，老板也频频点头。就在此时，老板又突然问大家还有没有别的建议。由于之前看到老板点头，大部分人都沉默不言，只有露西毅然站了出来表示反对，并明确指出：如果真的这样做了，就意味着公司将要损失好几千万的利润。听到露西的话后，老板眼前一亮，立即要求她说明理由。

露西分析说，到目前为止，那家公司还没有彻底完成产品研发，而眼下采购方又急着需要这批产品，因此并不可能一直拖下去。如果在此时轻易让步，只怕徒然造成损失，最终吃亏的还是公司。

听到这番解释，所有人都陷入了沉默，老板也连连点头赞许。最终，公司果然以原有价格成功折服了采购方，避免了一笔巨大损失。露西也因此得到老板的赏识，在公司里接连得到提拔。

心理学上有一个著名的"毛毛虫效应"，讲的是缺乏主见、只知盲从所引发的全员失败，这样的情况在职场当中也有很多。因此，许多时候，公司里的上级领导并不喜欢凡事都赞同自己的人，反而会对那些敢于提出异议的人情有独钟。

一味附和上司虽然能够暂时取悦于人，但对于上司而言，这样的人却并不是自己真正能够信任的，甚至他们还会在心底对这一类下属十分防备。作为公司的领头人，上司对于人心显然有着更深刻的认知，也更加知晓什么样的下属才可以托付大任。因此，那些反对自己的下属虽然看似冒犯自己，其实，却是更有责任心和勇气的体现。对于他们而言，这种员工远比在平时只知阿谀逢迎的人更加可靠。

当然，身为下属，在提出反对意见的过程中，除了万不得已的情形，最好还是要讲究一定的方法，否则也很容易适得其反。在征询反对意见的同时，许多上司也对自身的权威形象十分重视，如果冒冒失失地提出异议，很有可能会使他们觉得自己的尊严受到损害。

在对上司提出异议之时，我们的态度要尽可能地恭敬，语言要尽可能地委婉。这样才能既照顾到上司的颜面，使他们感到满意，同时又使他们接受自己的看法。如果条件允许，最好是在私下场合进行沟通汇报，以便维护上司在公司其他同事面前的威严。

09 保持沉默，反而使上司更加不满

有许多职场人士都信奉"沉默是金""用成绩说明一切"等，除了埋头于工作之外，就很少参与发言，也很少与上司互动，事实上，这样的员工却并不总是能得到上司的青睐。

心理学和管理学都提到过一个重要概念，叫作"反馈效应"，这一效应在某种程度上，就是对上述观念的反对。以这一效应来看，如果职场员工只知专注于个人事务，却忽略了与上司的交流互动，就会造成两者间的沟通障碍，使上司心中产生不满甚至不安。

作为一名职场新人，迪恩和许多人一样，都表现得十分拘束，对于自己的上司更是感到无比的敬畏。因此，在工作中，迪恩总是一个人埋头忙碌，尽可能地减少与上司接触、交流的可能。

相比之下，比迪恩更晚来一些的杰西卡，就显得要活跃许多。每当遇

到什么不懂的地方，她要么是向同事询问，要么就干脆直接给上司发邮件。不仅如此，每天工作结束之后，她都会主动给上司发一封邮件，大致阐述自己的进度，使得上司对自己的工作情况，总是了然于胸。

迪恩基本不会这么做，只有在上司主动询问时，他才会指着电脑屏幕，向上司讲解自己目前的进度，只有当自己完成某一项工作后，他才会进行汇报。慢慢地，上司开始把自己的注意力转移到杰西卡身上，对迪恩则不怎么关注了。

自从某段时间开始，公司的业务量突然增加，上司只得给迪恩和杰西卡两人分配了更多的任务。对于上司的这一安排，杰西卡在经过考虑后，当即发邮件提出异议，而迪恩则继续保持了沉默。眼见迪恩毫无异议，上司认为他能够胜任，便分配给他更多的工作。一段时间后，上司才发现，迪恩的进度根本没有自己预料得那样快，甚至还造成了许多拖延。为此，上司狠狠地批评了迪恩。

对于任何一家企业的领导来说，信息的交流反馈都是必不可少的，只有尽可能地掌握下属工作情况，才能对公司的整体业务发展，有更好的把握。那些只知埋头苦干、却很少进行信息反馈的员工看似勤勉，其实是缺乏整体意识和大局观。

在职场当中，许多事情都是瞬息万变，作为员工只有定期进行工作汇报，才能使上司更加准确地把握全局，应对可能出现的各种挑战。如此一来，上司对于员工及其工作，才能觉得更加安心。如果一个员工老是像个"闷葫芦"一样，把所有事情都藏在心里不肯明说，就很有可能会造成一些重大的失误。对于这样的员工，上司们自然很难有什么好脸色，也很难产生由衷的信任。

在著名的"霍桑实验"中，心理学家提出了意义深远的"社会人"假设，指出员工存在心理需求，但这种需求在上司身上也同样存在。身为员工如果总是刻意保持沉默，或是规避与上司的交集，上司也会觉得自己被下属疏远、漠视。在这种情况下，两者之间的心理距离就会被拉得更远，下属就更加无法得到上司的信任和托付了。

一些时候，与上司沟通也意味着提出异议，但对于一位明智的上司而言，他们毋宁听到员工的反对之词，也不愿看到一个埋头不肯搭理自己的下属。因此，保持沉默并不是讨好上司的好选择，一旦因为自己的沉默引发了不利于公司的结果，最终吃亏的也只能是员工本人而已。

在进行反馈的过程中，员工也应该掌握一些方法。比起具体的工作内容，上司所需要了解的，更多是那些带有总结性的信息，这也是为了方便他们从宏观上整体把握。因此，反馈的信息要尽可能简明扼要，使上司一看即懂。